Digitale Simulation im Entwurf

Anja Willmann · Arno Schlüter

Digitale Simulation im Entwurf

Zukunftsfähige Gebäude und Quartiere

Anja Willmann
Fachbereich 1: Architektur -
Bauingenieurwesen - Geomatik
Frankfurt University of Applied Sciences
Frankfurt, Deutschland

Arno Schlüter
Dept. Architektur
ETH Zürich
Zürich, Schweiz

ISBN 978-3-658-47396-9 ISBN 978-3-658-47397-6 (eBook)
https://doi.org/10.1007/978-3-658-47397-6

Die Deutsche Nationalbibliothek verzeichnet diese Publikation in der Deutschen Nationalbibliografie; detaillierte bibliografische Daten sind im Internet über https://portal.dnb.de abrufbar.

© Der/die Herausgeber bzw. der/die Autor(en), exklusiv lizenziert an Springer Fachmedien Wiesbaden GmbH, ein Teil von Springer Nature 2025, korrigierte Publikation 2025

Das Werk einschließlich aller seiner Teile ist urheberrechtlich geschützt. Jede Verwertung, die nicht ausdrücklich vom Urheberrechtsgesetz zugelassen ist, bedarf der vorherigen Zustimmung des Verlags. Das gilt insbesondere für Vervielfältigungen, Bearbeitungen, Übersetzungen, Mikroverfilmungen und die Einspeicherung und Verarbeitung in elektronischen Systemen.
Die Wiedergabe von allgemein beschreibenden Bezeichnungen, Marken, Unternehmensnamen etc. in diesem Werk bedeutet nicht, dass diese frei durch jede Person benutzt werden dürfen. Die Berechtigung zur Benutzung unterliegt, auch ohne gesonderten Hinweis hierzu, den Regeln des Markenrechts. Die Rechte des/der jeweiligen Zeicheninhaber*in sind zu beachten.
Der Verlag, die Autor*innen und die Herausgeber*innen gehen davon aus, dass die Angaben und Informationen in diesem Werk zum Zeitpunkt der Veröffentlichung vollständig und korrekt sind. Weder der Verlag noch die Autor*innen oder die Herausgeber*innen übernehmen, ausdrücklich oder implizit, Gewähr für den Inhalt des Werkes, etwaige Fehler oder Äußerungen. Der Verlag bleibt im Hinblick auf geografische Zuordnungen und Gebietsbezeichnungen in veröffentlichten Karten und Institutionsadressen neutral.

Planung/Lektorat: Karina Danulat
Springer Vieweg ist ein Imprint der eingetragenen Gesellschaft Springer Fachmedien Wiesbaden GmbH und ist ein Teil von Springer Nature.
Die Anschrift der Gesellschaft ist: Abraham-Lincoln-Str. 46, 65189 Wiesbaden, Germany

Wenn Sie dieses Produkt entsorgen, geben Sie das Papier bitte zum Recycling.

„Architektur war schon immer Diener der Technologie. Der Aufzug, die Klimaanlage, die Rolltreppe – all das sind Technologien, die unsere Lebens- und Arbeitsweise neu definiert haben. Nun verändern digitale Technologien die Natur der Architektur selbst."

Rem Koolhaas

Geleitwort

In unserem Architekturbüro *haascookzemmrich STUDIO2050* arbeiten wir an Konzepten für eine Architektur, die ressourcenschonender und im Idealfall klimaneutral werden kann. Unser Fokus liegt dabei nicht nur in baulichen Lösungen, sondern auch in der Betrachtung grundsätzlicher Fragen wie dem Bedarf und dem Anspruch an Komfort und langfristigen Nutzen an unsere gebaute Umwelt. Ein zentrales Thema für uns ist hierbei die Abwägung, ob eine höhere Effizienz immer auch den gewollten gesamtökologischen Effekt erzielt.

Unser Entwurfsprozess ist daher von Anfang an begleitet durch Simulationen, oft in Kooperation mit Klimaingenieuren und anderen Spezialisten. Wir prüfen hierbei die Orientierung und Anordnung der Funktionen, um alle mikroklimatischen Standortvorteile optimal zu nutzen. Ebenso hilft uns die Simulation bei der Entwicklung einer Fassade mit guter Tageslichtnutzung, um so ein robustes, materialgerechtes, mikroklimatisch optimiertes und möglichst ressourcenneutrales Gebäude zu entwickeln. So wurden auch zu Beginn unseres Projektes für Alnatura auf einer Konversionsfläche in Darmstadt zuerst zahlreiche Gebäudeformen in Simulationen erprobt, um herauszufinden, wie wir an diesem Ort mit dem angrenzenden Wald, der Belichtung, seiner Ausrichtung und Lage optimale Bedingungen für die 500 Mitarbeiter schaffen können. Nachdem die für den Ort ideale Gebäudeform entwickelt war, wurde auf Basis einer Ökobilanz über die Materialisierung der Kubatur entschieden.

Aber auch in städtebaulichen Aufgaben begleitet uns die Simulation. Bei unserem Wettbewerbsbeitrag in Stuttgart für das Stöckach Areal, ein ehemaliges Industrieareal der ENBW, haben uns Simulationen geholfen, Entscheidungen für das angemessene Maß von Nachverdichtung bei gleichzeitigem Erhalt des Vorhandenen zu finden. Simulationen sind für unsere Arbeit eine wichtige Grundlage des Entwurfsprozess geworden.

Stuttgart   Martin Haas, haascookzemmrich STUDIO2050
Juni 2024

Vorwort

Als ausgebildete Architekten nutzen wir in unserem beruflichen und akademischen Umfeld seit vielen Jahren digitale Tools im Entwurfsprozess. Dabei verwenden wir neben den Modellierungstools zur räumlichen Darstellung vor allem thermisch-dynamische Simulationstools zur Analyse der Energieeffizienz, der Energieversorgung und des thermischen Komforts in Innen- und Außenraum; auf Gebäudeebene und im Stadtquartier. Insbesondere in der akademischen Lehre lässt sich beobachten, dass ohne den Einsatz digitaler Tools oft projekt- oder standortspezifische Nachhaltigkeitspotenziale ungenutzt bleiben – entweder werden sie nicht erkannt oder nicht explizit ins Entwurfskonzept integriert, weil die Wirkungsweisen ohne Simulation nicht abschätzbar und somit nicht zielführend kontrollierbar erscheinen.

Durch die Anwendung digitaler Simulationstools können Entwurfskonzepte nicht nur nachhaltiger, sondern auch ressourcenschonender, robuster gegen den Klimawandel und unabhängiger von der technischen Infrastruktur gestaltet werden. Diese ökologischen Kriterien werden vor allem in der Entwurfsphase immer wichtiger; der quantitative Nachweis der Wirkungsweisen und Umweltwirkungen wird oftmals bereits in Wettbewerbsbeiträgen verlangt. Hier sind sowohl Grundkenntnisse als auch ein Verständnis der möglichen Wechselwirkungen und potenziellen Synergien notwendig, um an der architektonischen Debatte um zukunftsfähige Gebäude und Quartiere teilnehmen zu können. Entwürfe auf der Basis informierter Entscheidungen tragen wesentlich zur Dekarbonisierung der gebauten Umwelt als wichtigstes gesellschaftliches Ziel bei. Digitale Tools unterstützen die Architekten bei der Entscheidungsfindung, indem Annahmen und Konzepte in ihrer Wirkung auch quantitativ überprüft werden können.

Dieses Buch zeigt anhand der beiden Maßstäbe Einzelgebäude und Quartier die Anwendung digitaler Tools im Entwurf auf. Der Fokus liegt im gebäudebezogenen, ersten Teil auf der Anwendung und Simulation passiver Strategien im Entwurf und deren Wirkungsweisen. Damit geht ein Rückblick auf vernakuläre Architektur in verschiedenen Klimazonen und Zeitaltern einher, um den Einsatz dieser architektonischen Strategien ohne fossile Energiezufuhr zu analysieren und auf zeitgenössische Konzepte übertragen zu können. Der zweite Teil der quartiersbezogenen Simulation fokussiert sich auf die Herausforderungen der urbanen Perspektive, die Modellierung trotz vorhandener Unsicherheiten und die Identifikation energetischer Synergien im Stadtraum. Aufgrund der vorhandenen Dichte und Funktionsmischung offenbart die Quartierssimulation einzigartige Potenziale zur Energieeffizienz, zur Dekarbonisierung, aber ebenso zur Verbesserung der Gesundheit und des Wohlbefindens der Bewohner.

Ein großer Teil der Inhalte ist im Rahmen der akademischen Lehre entstanden, sei es in Vorlesungen, Skripten oder Projektbetreuungen, oder stammt aus Forschungsprojekten. Für diese Möglichkeiten des kontinuierlichen Austauschs mit unseren Studierenden, Mitarbeitern und Kollegen und der daraus resultierenden Weiterentwicklung der Inhalte sind wir sehr dankbar.

Frankfurt, Zürich   Anja Willmann
Dezember 2024   Arno Schlüter

Die Originalversion des Buchs wurde revidiert. Ein Erratum ist verfügbar unter https://doi.org/10.1007/978-3-658-47397-6_9

Danksagung

Das im Buch vorgestellte Tool ‚City Energy Analyst' ist im Rahmen der Forschung und Lehre an der ETH Zürich und am SEC Future Cities Lab entstanden. An seiner Konzeption und Entwicklung, Programmierung und Design waren viele talentierte Forscher, Softwareentwickler und Studierende beteiligt. Diesen sei hier ausdrücklich gedankt, insbesondere Zhongming Shi, Jimeno Fonseca, Martin Mosteiro Romero, Matthias Niffeler, Darren Thomas und Reynold Hao Xiang Mok.

Interessenskonflikte
Die Autor*innen haben keine für den Inhalt dieses Manuskripts relevanten Interessenkonflikte.

Inhaltsverzeichnis

Teil I Zukunftsfähige Gebäude

1 Zukunftsfähige Architektur: Herausforderungen im Gebäudemaßstab 3
    1.1   Aktuelle Herausforderungen 3
    1.2   Thermische Performance von Gebäuden 5
    1.3   Szenarien des Klimawandels 6

2 Entwurfsstrategien 9
    2.1   Resiliente Architektur 9
    2.2   Von traditioneller Architektur lernen 10
    2.3   Passive Entwurfsstrategien für Energieeffizienz 12
        2.3.1   Thermischer Komfort und die Einflussparameter 16
        2.3.2   Thermische Zonierung im Gebäude 19
        2.3.3   Thermische Pufferzonen 24
        2.3.4   Orientierung des Gebäudes 26
        2.3.5   Thermische Speichermasse 27
        2.3.6   Solare Gewinne 29
        2.3.7   Verschattung 30
        2.3.8   Lüftungsstrategien 32
    2.4   Aktive autarke Versorgung mit erneuerbaren Energien 34

3 EDDA-Workflow: Simulation passiver Strategien 35
    3.1   Der integrierte Entwurfsprozess – EDDA Workflow 35
    3.2   Wahl der digitalen Tools 41
        3.2.1   Aufbau des 3D-Modells für die Simulation 41
        3.2.2   Import in *Grasshopper* 41
    3.3   Standort und Potenziale 43
        3.3.1   Wetterdaten 43
        3.3.2   Klimazone 47

		3.3.3	Thermischer Komfort	49
		3.3.4	Solarstrahlung	52
		3.3.5	Wind	55
		3.3.6	Temperatur	59
		3.3.7	Luftfeuchtigkeit	62
	3.4	Passive Gebäudestrategien		63
		3.4.1	Psychrometric Chart: Überprüfen der Wirkung der passiven Strategien	63
		3.4.2	Thermische Speichermasse	66
		3.4.3	Thermische Zonierung im Gebäude	73
		3.4.4	Solare Gewinne	78
		3.4.5	Außenraum – Verschattung um das Gebäude	80
		3.4.6	Lüftungsstrategien	81
	3.5	Betriebsenergie – Energiebilanz		85
4	Fazit			89
	4.1	Unsicherheiten		89
		4.1.1	Daten und Unsicherheiten	89
		4.1.2	Kritische Reflexion der Ergebnisse	90
		4.1.3	Integrale Planung	90
	4.2	Potenziale		91
		4.2.1	Zukunftsfähige und robuste Architektur	91
		4.2.2	Ganzheitliche Konzepte	91

Teil II Zukunftsfähige Quartiere

5	Gebäude und Energie in der Stadt			95
	5.1	Zukunftsfähige Städte und Quartiere		95
	5.2	Der urbane Kontext		97
		5.2.1	Wechselwirkungen zwischen Gebäuden	98
		5.2.2	Mikroklima	98
		5.2.3	Vegetation und Biodiversität	99
		5.2.4	Infrastrukturen und Netze	100
		5.2.5	Mobilität und Transport	101
		5.2.6	Urbane Minen	102
6	Modellierung und Simulation von Gebäuden in der Stadt			103
	6.1	Energie und Emissionen von Gebäuden		103
	6.2	Was ist ein UBEM?		104
	6.3	Wer nutzt UBEM tools?		105
	6.4	Ansätze für UBEM		106
	6.5	Grundprinzipien der Modellierung		107

	6.5.1	Eigenschaften von Modellen	108
	6.5.2	Annahmen und Enscheidungen	108
	6.5.3	Garbage in – garbage out	109
	6.5.4	Transparenz	109
	6.5.5	Verifizierung und Validierung	109
6.6	Beispiele von UBEM in der Anwendung		110
	6.6.1	Klimawandel, Stadtentwicklung und Gebäudesanierungen und deren Auswirkungen auf den Energieverbrauch typischer Siedlungsstrukturen in der Schweiz	110
	6.6.2	Entwicklung eines Distriktes in Navi Mumbai, Indien	112
6.7	Metriken: Ergebnisse eines UBEM		114
	6.7.1	Energie	114
	6.7.2	Treibhausgasemissionen	116
	6.7.3	Nutzerkomfort	116
6.8	Modell: Parameter eines UBEM		117
	6.8.1	Ort und Klima	117
	6.8.2	Infrastrukturen und Netze	119
	6.8.3	Transport und Mobilität	121
	6.8.4	Gebäudegeometrie	121
	6.8.5	Gebäudekonstruktion	122
	6.8.6	Gebäudetechnik	123
	6.8.7	Nutzerverhalten	124

7 Simulation mit dem City Energy Analyst (CEA) ... 127
- 7.1 Der City Energy Analyst als UBEM Tool ... 127
- 7.2 Anwendungsbereich des CEA ... 128
- 7.3 Modellstruktur und Ablauf ... 128
- 7.4 Eingabedaten ... 129
  - 7.4.1 Klimadaten ... 129
  - 7.4.2 Gebäudegeometrie ... 129
  - 7.4.3 Konstruktion und Systeme ... 130
- 7.5 Projekt und Szenarien anlegen ... 131
- 7.6 Projektdatenbanken ... 132
  - 7.6.1 Komponenten ... 132
  - 7.6.2 Bauteilgruppen ... 132
  - 7.6.3 Archetypen ... 134
- 7.7 Eingabe-Editor ... 135
- 7.8 Analysewerkzeuge im CEA ... 138
  - 7.8.1 Energiebedarf der Gebäude ... 138
  - 7.8.2 Lebenszyklusanalyse ... 141
  - 7.8.3 Energiepotentiale ... 142
  - 7.8.4 Thermische Netze ... 145

	7.9	Optimierung	146
	7.10	Workflows	149
	7.11	Dashboards	149
		7.11.1 Berechnungsergebnisse als Datei	149

8 Herausforderungen und Potentiale 153
    8.1 Herausforderungen 153
        8.1.1 Verfügbarkeit und Korrektheit von Eingabedaten 153
        8.1.2 Validierung der Ergebnisse 154
        8.1.3 Integration in den Planungsprozess 154
    8.2 Potenziale 154
        8.2.1 Das ‚System Stadt' besser verstehen 154
        8.2.2 Ausblick in eine datenreiche Zukunft 155

Erratum zu: Digitale Simulation im Entwurf E1

Literaturverzeichnis 157

Abkürzungsverzeichnis

a	Jahr
A/V-Verhältnis	Verhältnis von Oberfläche zu Volumen
CEA	City Energy Analyst
CO_2	Kohlenstoffdioxid
DWD	Deutscher Wetterdienst
EDDA	Environmental Digital Design Analysis
EPW	Dateiformat Klimadatensatz, englisch: EnergyPlus weather
GIS	Geografisches Informationssystem
HB	Honeybee, Teil der Ladybug Tools
K	Kelvin
kWh/m^2	Kilowattstunden pro Quadratmeter
LB	Ladybug, Teil der Ladybug Tools
LOD	Level of Detail - Detaillierungsgrad
mm	Millimeter
PMV	erwartete durchschnittliche Empfindung, englisch: Predicted Mean Vote
PPD	Anzahl der mit einem bestimmten Umgebungsklima unzufriedenen Personen, englisch: Percentage People Dissatisfied
RCP	Repräsentativer Konzentrationspfad, englisch: Representative Concentration Pathway
SSP	gemeinsame sozioökonomische Entwicklungspfade, englisch: Shared Socioeconomic Pathways
TRY	Dateiformat Klimadatensatz, englisch: Test Reference Year
UBEM	Urban Building Energy Modeling - Urbane Energiemodellierung
UTCI	universeller thermischer Klimaindex, englisch: Universal Thermal Climate Index
°C	Grad Celsius
3D	dreidimensional

Teil I
Zukunftsfähige Gebäude

Der erste Teil des Buchs von **Anja Willmann** widmet sich den mit dem Klimawandel einhergehenden Herausforderungen im Gebäudemaßstab und zeigt Möglichkeiten auf, die insbesondere im Entwurfsprozess von Gebäuden liegen, diesen Herausforderungen zu begegnen. Unter Berücksichtigung teilweise jahrhundertealter passiver Strategien können sowohl im Neubau als auch im Bestand Gebäude entstehen, die auch unter Klimaveränderungen und Energieknappheit behaglich bleiben, weil sie sich grundlegende physikalische Prinzipien für eine passive Klimatisierung zunutze machen. Im Teil 1 werden neben den Grundlagen auch Anleitungen zur Simulation dieser passiven Strategien mit dem *Rhinoceros 3D-Grasshopper–Ladybug Tools*-Workflow für datenbasierte und klimabewusste Entwurfsentscheidungen erläutert.

Zukunftsfähige Architektur: Herausforderungen im Gebäudemaßstab

Zusammenfassung

Dieses Kapitel erläutert sieben aktuelle klimatische, demografische, ökologische und technologische Herausforderungen, die Eingang in architektonische Konzepte finden müssen, um tatsächlich zukunftsfähig zu bauen. Als Bewertungsparameter für zukunftsfähige Architektur steht die thermische Performance von Gebäuden im Mittelpunkt, insbesondere vor dem Hintergrund der diversen möglichen Klimawandelszenarien, die in Abhängigkeit der politischen Entwicklungen eintreten können. Um dem politischen Kontext entgegenzuwirken, liegt der Fokus zunächst auf der Dekarbonisierung des Gebäudesektors.

1.1 Aktuelle Herausforderungen

Der Ruf nach einer neuen Architektur in Zeiten des Klimawandels ist laut. Aber braucht es tatsächlich eine neue Architektur? Was muss diese neue Architektur anders machen als die der letzten Jahrhunderte, um mit den Herausforderungen des 21. Jahrhunderts umgehen zu können oder diesen entgegen zu stehen? Um diese Frage beantworten zu können, müssen wir uns die Herausforderungen genauer ansehen. Nur so lassen sich gezielte Antworten finden:

Herausforderung 1: Städte im Sommer. Oder besser gesagt: Dichte Bebauungen, die große Siedlungen mit sich bringen. Neben den Wohngebäuden, Schulen, Gewerbebauten, Büros sind ebenfalls Straßen, Parkflächen, öffentliche Plätze vorhanden, die zusammen eine urbane, dichte, versiegelte Fläche bilden. Für europäische Städte bedeutet dies sehr viel thermische, auf kleine Fläche konzentrierte Speicherkapazität, die durch die dichte Bebauung oft kaum Durchlüftung für eine nächtliche Auskühlung ermöglicht. Begrünung, Kaltluftschneisen und Wasser in der Stadt sind adäquate Methoden gegen den im Sommer entstehenden Wärmeinseleffekt, können diesen aber nur bedingt mildern.

Herausforderung 2: Klimawandel. Alle errechneten Klimawandelszenarien beinhalten eine Steigerung im Sommer für die durchschnittliche jährliche Temperatur, für die Anzahl der Sommertage mit Temperaturen über 25 °C und der heißen Tage mit Temperaturen über 30 °C sowie der Anzahl der tropischen Nächte mit Temperaturen über 20 °C in unterschiedlicher Intensität. Dies verstärkt in jedem Fall die Herausforderung des Wärmeinseleffekts in den Städten, es ist aber nicht vorhersehbar, in welchem Ausmaß diese Intensivierung tatsächlich eintreten wird. Zeitgleich nimmt die Anzahl der Extremwetterereignisse wie Wirbelstürme, Wasserknappheit oder Starkregen zu. Unsere Gebäude und Städte sind nicht ausreichend genug auf diese Bedrohungen vorbereitet; es gibt selten redundante Versorgungssysteme, mit denen die Versorgungssicherheit mit Trinkwasser, Strom und Wärme auch nach Extremwetterereignissen gewährleistet werden kann [1].

Herausforderung 3: Demografieentwicklung. Die deutsche Bevölkerung überaltert. Sinkende Geburtenraten, hohe Lebenserwartungen und eine gute medizinische Versorgung haben den Anteil an vulnerablen Gruppen steigen lassen. Ältere Menschen sind anfälliger für die Nachwirkungen von Klimawandelfolgen, seien es Hitzeperioden, Evakuierungen aufgrund von Hochwasser oder Stürmen. Hier ist eine erhöhte Vorsorge insbesondere für thermischen Komfort im Sommer und Widerstandsfähigkeit gegen Extremwetter im Wohnungsbau erforderlich.

Herausforderung 4: Ressourcenknappheit. Die Reduktion der natürlichen Lager fossiler Energien wie Öl und Gas, aber auch Rohstoffmangel zur Herstellung von Baumaterialien wie Sand zur Betonherstellung erfordern Alternativen zur bisherigen Energieversorgung zur Klimatisierung der Gebäude aber auch zur Verwendung und Herstellung von Baumaterialien. Die geringe Anzahl an möglichen Lieferantenländern erzwingen politische Abhängigkeiten und führen zu Ressourcenkriegen. Globale Rohstoffe werden zu Druckmitteln. Als Lösungsansatz entstehen neue Technologien für regionale Produktionsketten mit lokal verfügbaren Rohstoffen in einer Kreislaufwirtschaft.

Herausforderung 5: Senkung der CO_2-Emissionen. Um die Auswirkungen des Klimawandels zu minimieren, müssen weltweit die CO_2-Emissionen gesenkt werden. Hohe Investitionskosten, die Entwicklung neuer Technologien, der Umbau kohlenstoffintensiver Industriezweige bedrohen das Wirtschaftswachstum und damit den Sozialstaat und den persönlichen Wohlstand der Menschen. Wird Suffizienz das neue Leitbild der Baubranche und einer ganzen Generation?

Herausforderung 6: Gebäudebestand. Der hohe Anteil des energieintensiven Gebäudebestands von vor 1970, der ohne Wärmeschutz errichtet wurde, wird Jahrzehnte und sehr viel Ressourcen für eine energieeffiziente Sanierung benötigen. Hier sind alternative Konzepte für eine deutlich schnellere Sanierung im Sinne der Ressourcenschonung und CO_2-Neutralität gefragt.

Herausforderung 7: Technologie-Lücke. Die Entwicklung neuer Technologien zur CO_2-neutralen Produktion von Wärme und Wärmespeicherung schreitet voran, die Weiterentwicklung der Stromproduktion aus erneuerbaren Energien in Bezug auf schlechte Wirkungsgrade und vor allem dessen saisonale und langfristige Speicherung offenbart eine aktuelle Technologielücke.

Zusammenfassend benötigen wir keine neue Architektur, sondern neue Baustoffe und Technologien als Hilfsmittel zur CO_2-Neutralität. Wir können uns nicht mehr auf die Versorgung durch ein zentrales System im Gebäudesektor verlassen; Planungen sind mit redundanten Systemen in einer Kombination aus zentral und dezentral auszuführen. Städte müssen auf Hitzeperioden und Starkregenereignisse vorbereitet sein, indem Pufferflächen vorgesehen werden. Besonderes Augenmerk und eventuell erhöhter Aufwand gilt dem thermischen Komfort in Gebäuden für vulnerable Gruppen wie ältere und kranke Menschen – Suffizienz ist für den thermischen Komfort selbst kein geeignetes Konzept. Hierfür gibt es bereits bestehende Lösungsansätze, die teilweise aus anderen Klimazonen oder anderen Jahrhunderten ohne fossile Energien stammen und die natürlichen Rahmenbedingungen des Standorts nutzen, um Gebäude passiv zu heizen oder zu kühlen.

1.2 Thermische Performance von Gebäuden

Die thermische Performance ist nicht der einzige Bewertungsparameter für gute Architektur, aber sie ist einer der Wichtigsten. Um Gebäude möglichst lange nutzen zu können und damit nachhaltig zu gestalten, müssen diese flexibel auf wechselnde Rahmenbedingungen reagieren können: Temperaturschwankungen der Jahreszeiten, Belegungsdichte der Nutzer, Nutzungsart und damit einhergehend wechselnde interne Wärmequellen – je nachdem, ob die Gebäudehülle als Wohnung, Gewerbe, Büro oder Arztpraxis genutzt wird oder alles zeitgleich, wie wir die Vielfach- und Umnutzungen der Gründerzeithäuser in den Städten kennen. Dabei definiert sich thermischer Komfort aus dem Zusammenspiel von Raumtemperatur, Oberflächentemperatur, Luftgeschwindigkeit und Raumluftfeuchte. Auf diese Parameter kann die Architektur sehr bewusst Einfluss nehmen: Oberflächentemperaturen resultieren aus Materialwahl und Konstruktionsaufbau, Luftgeschwindigkeiten können durch Größe und Positionierung der Fensteröffnungen und Raumhöhen gesteuert werden, Raumluftfeuchte kann durch Lüftungskonzepte oder aktive Entfeuchtung minimiert werden, die Raumtemperaturen durch passive und aktive Wärmegewinne oder Wärmeabgabe reguliert. Je einfacher und intuitiver sich ein Gebäude der Jahreszeit oder der Nutzung anpassen kann, umso höher ist die Nutzerzufriedenheit. Dabei spielt es keine Rolle, ob diese Adaptivität manuell durch den Nutzer oder mechanisch durch intelligente Systeme hergestellt wird. Der einzige Zusammenhang besteht in einem leicht vergrößerten Komfortfenster des Nutzers in Bezug auf Raumtemperaturen, wenn aktiv Einfluss auf die temperaturregelnden Systeme wie Fensteröffnungen, Regulierung der Heiz- und Kühlsysteme genommen werden kann (Abschn. 2.3.1). Gebäude erweisen sich als besonders langlebig und nachhaltig umnutzbar, wenn der Mensch als Nutzer den Aufenthalt im Innenraum als thermisch komfortabel empfindet: im Hochsommer wie im Winter, beim Wohnen und beim Arbeiten.

1.3 Szenarien des Klimawandels

Gebäude haben je nach Konstruktion und Funktion oft eine Lebensdauer von mehr als 100 Jahren. Insbesondere Wohngebäude sollen Schutz und thermischen Komfort bieten, gerade in Mitteleuropa sowohl vor Wind und Kälte als auch vor Sonne und Hitze schützen. Die ersten Folgen des Klimawandels sind in Deutschland bereits spürbar, wir haben in den letzten Jahren vermehrt tagelange Hitzeperioden im Sommer mit tropischen Nächten erlebt, in denen die massiven Gebäude kaum noch herunterkühlen können und ebenso kürzere Winter mit weniger Schnee und mehr Regen, Starkregenereignisse, die Überschwemmungsschäden an der gebauten Infrastruktur hinterlassen. Wir lernen mit pflanzlichen und tierischen Neobiotika umzugehen, sei es Grauhörnchen, Waschbären oder Schmetterlingsflieder, die aufgrund der Klimaveränderungen unsere Regionen erobern. Für die Neuplanung oder Sanierung von Gebäuden bedeutet dies, dass sie kommenden Klimaveränderungen standhalten müssen und trotz der Unsicherheiten, die in Bezug auf die zu erwartenden Klimaveränderungen bestehen, dem Menschen Schutz und thermische Behaglichkeit bieten können müssen. Daher sollten Planungen nicht nur mit aktuellen Wetterdaten simuliert werden, sondern mindestens mit einem der berechneten Klimawandelszenarien, um das Verhalten der Gebäude auch in zukünftig möglichen Wetterbedingungen abschätzen zu können.

Das Helmholtz-Zentrum geht von folgenden zu erwartenden Veränderungen für Deutschland in verschiedenen Klimawandel-Szenarien aus [1]:

- Die durchschnittliche jährliche Temperatur wird sich zwischen + 3,1 °C im ungünstigsten Szenario (RCP8.5) und + 0,4 °C im günstigsten Szenario (RCP2.6) bis 2050 erwärmen, bis 2100 sogar um bis zu 5,3 °C.
- Die Anzahl der Sommertage (über 25 °C) wird sich um 40 Tage im ungünstigsten Szenario (RCP8.5) und 1 Tag im günstigsten Szenario (RCP2.6) bis 2050 erhöhen, bis 2100 sogar um bis 75 Tage.
- Die Anzahl der heißen Tage (über 30 °C) wird sich um 20 Tage im ungünstigsten Szenario (RCP8.5) und 0 Tage im günstigsten Szenario (RCP2.6) bis 2050 erhöhen, bis 2100 sogar um bis 48 Tage.
- Die Anzahl der tropischen Nächte (über 20 °C) wird sich um 17 Nächte im ungünstigsten Szenario (RCP8.5) und 0 Nächte im günstigsten Szenario (RCP2.6) bis 2050 erhöhen, bis 2100 sogar um bis 44 Nächte.

1.3 Szenarien des Klimawandels

- Die Anzahl der Frosttage (unter 0 °C) wird sich um 47 Tage im ungünstigsten Szenario (RCP8.5) und 2 Tage im günstigsten Szenario (RCP2.6) bis 2050 verringern, bis 2100 sogar um bis zu 90 Tage.
- Die Dauer von Hitzeperioden wird sich um 6 Tage im ungünstigsten Szenario (RCP8.5) und 0 Tagen im günstigsten Szenario (RCP2.6) bis 2050 verlängern, bis 2100 sogar um bis 17 Tage.
- Der Niederschlag kann je nach Szenario um bis zu 9,9 % abnehmen oder um 18,1 % zunehmen.
- Für die Windgeschwindigkeiten sind keine großen Veränderungen zu erwarten.
- Jedoch werden die schwülen Tage mit einer feuchten Hitzebelastung zwischen 21 Tagen im ungünstigsten Szenario (RCP8.5) und einem Tag im günstigsten Szenario (RCP2.6) bis 2050 zunehmen, bis 2100 sogar um bis 51 Tage.

An den gelisteten Parametern lässt sich die Unsicherheit in Bezug auf die Rahmenbedingungen für die Gebäudekonzeption ablesen. Daher kann nur die Simulation mit diversen Klimawandelszenarien Aufschluss über das Verhalten des Gebäudes in unterschiedlichen Situationen geben und entsprechend die Planung an die möglichen Szenarien über die zu erwartende Lebensdauer des Gebäudes angepasst werden.

Da die Senkung der CO_2-Emissionen unter anderem von der sozialen und politischen Lage abhängig ist, hat das Deutsche Klimarechenzentrum Klimaszenarien entwickelt, die nicht nur die bisherigen auf den CO_2-Emissionen basierenden Representative Concentration Pathways-Szenarien (auf deutsch: Repräsentativer Konzentrationspfad, RCP), sondern ebenso die Shared Socioeconomic Pathways (auf deutsch: gemeinsame sozioökonomische Entwicklungspfade, SSP) und einen zusätzlichen solaren Strahlungsantrieb in unterschiedlicher Stärke einbeziehen. Dabei umfasst die Bandbreite der SSPs einen nachhaltigen, grünen, globalen Weg, bei dem das menschliche Wohlbefinden und nicht Wirtschaftswachstum im Vordergrund steht bis hin zu einer fossilen Entwicklung mit einer verstärkten Ausbeutung fossiler Brennstoffressourcen und einem weltweit energieintensiven Lebensstil [2].

Unabhängig davon, welches Szenario eintreten wird, steht die Dekarbonisierung des Gebäudesektors an erster Stelle der Maßnahmen zum Verlangsamen des Klimawandels. Dies kann nur gelingen, wenn der Energiebedarf durch erneuerbare Energien gedeckt wird. Energieeffizienzmaßnahmen sind parallel notwendig, um den Energiebedarf und damit auch die erforderliche Energieproduktion aus nicht-fossilen Quellen und Technologien zu senken und eine ausreichende Verfügbarkeit sicherzustellen.

Entwurfsstrategien 2

Zusammenfassung

Kap. 2 beinhaltet einen Überblick über passive Strategien in architektonischen Entwurfskonzepten. Dies reicht von traditioneller Architektur pre-fossiler Zeiten bis zur Integration passiver Maßnahmen in aktuellen Projekten der letzten Jahre wie *2226* oder *Einfach Bauen*. Ein Überblick der auf der Erde vorhandenen Klimazonen mit ihren traditionellen Bauweisen und den daraus abgeleiteten passiven Strategien für die jeweiligen Klimazonen dient als Basis für die anschließende Beschreibung der einzelnen passiven Strategien mit den zugrunde liegenden physikalischen Prinzipien. Das Kapitel endet mit einem kurzen Ausblick auf aktive autarke Versorgung mit erneuerbaren Energien.

2.1 Resiliente Architektur

Gebäude zu entwerfen, die über Jahrzehnte oder sogar Jahrhunderte nicht nur Schutz vor Witterung, sondern gleichzeitig eine hohe Aufenthaltsqualität für Menschen bieten, ist die uralte Kerndisziplin der Architektur. Das lässt sich an historischer Architektur sehr gut ablesen – hier finden sich Prinzipien, um Kälte aber auch Hitze, Regen, Schnee, starke Winde abzuhalten, aber ebenso eine angenehme leichte Durchlüftung an heißen Tagen zu ermöglichen – noch bevor Strom, Öl oder Gas die Mittel der Wahl zur Klimatisierung unserer Gebäude waren. In der aktuellen Epoche der multiplen Krisen (Klimakrise, globale Finanzkrise, Ressorcenkrise, internationale Sicherheitskrise) und den unsicheren Zukunftsprognosen besinnt sich die Kerndisziplin der Architektur – der Entwurf – auf einfache Gebäude, die robust und resilient diesen Krisen trotzen; Gebäude, die auch ohne erhöhten Einsatz von Gebäudetechnik sowohl in kalten als auch in heißen Temperaturen weiterhin Schutz und Behaglichkeit für die Menschen bieten können; Gebäude, die aus lokalen Rohstoffen mit lokalen Bautechniken errichtet werden können; Gebäude, die nicht nur energieeffizient, sondern sogar autark funktionieren können. Diese Robustheit unserer Gebäude wird vor allem vor dem Hintergrund der Ressourcenverknappung aus geologischen, wirtschaftlichen aber auch politischen Gründen wieder essentiell für die Architektur. Bereits im Entwurf werden durch die Anwendung passiver Strategien die Grundlagen geschaffen, in heißen Sommern auch ohne Klimaanlage behagliche Wohnräume vorzufinden oder an kühleren Tagen die Sonne zum Erwärmen der Gebäude nutzen zu können. Thermischer Komfort wird zum Entwurfsparameter; die durch Architekten gewählten Strategien zum Erreichen komfortabler Gebäude entscheiden über den Grad der Widerstandsfähigkeit und damit über die Zukunftsfähigkeit von Gebäuden.

2.2 Von traditioneller Architektur lernen

Um den thermischen Komfort im Gebäude oder dessen direktem Umfeld zu erhöhen, können passive Strategien bereits einen großen Anteil leisten. Es lohnt sich, je nach vorherrschendem Klima angepasste traditionelle passive Strategien in den Entwurf zu integrieren und deren Wirkung auf die Innenraumtemperaturen und den thermischen Komfort mittels Simulation zu analysieren, bevor dann gegebenenfalls zusätzlich aktive Klimatisierungsmaßnahmen ergriffen werden müssen. Eine optimierte Kombination mehrerer passiver Strategien kann durchaus dazu führen, dass aktive Klimatisierung gar nicht mehr oder nur noch in wenigen Phasen des Jahres erforderlich ist.

Die ersten Beispiele datieren auf das 12. Jahrhundert zurück und stammen aus dem indischen Raum: Die mittelalterliche Wüsten-Siedlung Jaisalmer in Abb. 2.1 wurde so errichtet, dass die Straßen parallel zur Hauptwindrichtung liefen, aber so schmal waren, dass sie durch die Gebäude verschattet wurden. Zusätzlich sorgte eine hohe bauliche Dichte dafür, dass die einzelnen massiven Gebäude sich gegenseitig verschatteten. Es ist nachgewiesen, dass als Folge dessen, die Temperaturen im Innenbereich der Stadtmauer circa drei Grad kühler am Tage und drei Grad wärmer in der Nacht waren als außerhalb der Mauern. Im Winter erwies sich die Stadt als drei bis vier Grad wärmer sowohl tagsüber als auch nachts.

Aufgrund der hohen solaren Einstrahlung wurden sonnenexponierte Oberflächen mit sogenannten Jaalis (perforierte Verschattungselemente) versehen, um die Einstrahlung auf die massiven Wände zu verringern und somit die Temperatur der Wände und folglich die Wärmeabstrahlung in den Innenraum gering zu halten. Ein Beispiel ist in Abb. 2.2 zu sehen. In Rajasthan und Gujarat waren die Gebäude durch schmale Fensteröffnungen gekennzeichnet: Durch die Kompression der Luftströmung und das anschließende Ausdehnen kühlte die Luft den Innenraum. Ebenso konnte man an der Anordnung der Fensteröffnungen im oberen und unteren Wandbereich eine Kaminlüftung ablesen: Warme Luft stieg aufgrund der geringer werdenden Dichte auf und konnte durch die oberen Öffnungen ausströmen; gleichzeitig entstand ein Unterdruck im Raum, der frische

2.2 Von traditioneller Architektur lernen

Abb. 2.1 Straßen in Jaisalmer, Indien [4]

Abb. 2.2 Haveli Fassade mit mehrgeteilten Fensteröffnungen und Fensterläden [5]

kühlere Luft im Bodenbereich aus den Öffnungen nachzog. Dieses physikalische Prinzip generierte eine ständige leichte Luftbewegung, die von den Bewohnern als angenehm empfunden wurde. Die Fensterläden konnten an sonnigen Tagen zur Reduktion des Wärmeeintrags durch die Sonne geschlossen werden und nachts für eine schnellere effektivere Abkühlung geöffnet; im Winter erfolgte das Ganze umgekehrt, um mehr solare Gewinne für den Innenraum zuzulassen und nachts ein Auskühlen durch die Fassadenöffnungen zu verhindern.

Dies ist eines der traditionellen Beispiele für eine passive Kühlung anhand des präzisen Einsatzes von hoher thermischer Masse, einem kontrollierten Öffnungsanteil in der Fassade, Verschattungselementen an Gebäudeflächen und –öffnungen, kontrollierter Lüftung und nächtlicher Wärmeabstrahlung in Kombination [3].

In der Architektur des fossilen Zeitalters mit den technischen Möglichkeiten für serielles, zeit- und ressourcensparendes Bauen sind die Anwendungen der passiven Strategien in allen Teilen der Erde stark zurückgegangen. Vorfertigung, Flächeneffizienz und Klimaanlagen versprachen günstigen und komfortablen Wohnraum für alle Menschen. Mit dem Bewusstsein für die Endlichkeit der fossilen Energien und den ersten Auswirkungen des Klimawandels erleben die passiven Strategien ein neues Bewusstwerden in der Architektur. Sie können auftretende Temperaturschwankungen ausgleichen, für längere thermisch-komfortable Perioden im Jahresverlauf sorgen und folglich die Notwendigkeit für den Einsatz fossiler Energien reduzieren. In Kombination mit dem Modell des adaptiven Komforts von Ole Fanger wissen wir, dass sich die Spanne der Temperaturen erhöht, in denen wir uns im Innenraum komfortabel fühlen, sobald wir Einfluss auf die Rahmenbedingungen nehmen können: Fenster öffnen oder schließen, den Sonnenschutz bedienen, Pullover und Socken anziehen, den Schlafplatz in einem sonnenabgewandten Raum wählen. Menschen tolerieren in diesem Fall bis zu drei Grad mehr oder weniger in ihrem direkten Umfeld, bevor sie sich unwohl fühlen. Auch dies trägt zu einer Erhöhung des thermisch-behaglichen Innenraums bei [6].

Weitere Informationen hierzu enthält Abschn. 2.3.1.

2.3 Passive Entwurfsstrategien für Energieeffizienz

Wenn man auf lokale traditionelle Bautechnologien und Gebäudetypologien zurück blickt, kann man in jeder Region dieser Erde die raffinierte Anwendung grundlegender bauphysikalischer Prozesse finden, um Gebäude thermisch behaglicher zu gestalten – eine passive Klimatisierung, die das Leben in sowohl heißen als auch kalten Regionen angenehmer machte und gleichzeitig wertvolle Rohstoffe zum Heizen sparte. Diese passiven Strategien beginnen bei der Positionierung der Gebäude in der Umgebung um in kalten Gegenden windgeschützt zu sein oder in warmen Klimazonen explizit Durchlüftung zu ermöglichen. Ebenso ist die Wahl des Konstruktionsmaterials nicht nur abhängig von der lokalen Verfügbarkeit, sondern hat einen entscheidenden Einfluss auf den Wärmeeintrag in ein Gebäude und den Wärmeverlust aus dem Gebäude. Eine hohe Speicherfähigkeit von solarer Wärmestrahlung, z. B. in massiven Gebäuden ermöglicht passive Wärme auch in kühlen Abendstunden; hingegen erlauben Holzwände mit geringer Speicherfähigkeit eine schnelle Auskühlung nach Sonnenuntergang, z. B. in Regionen nahe dem Äquator. Nichts anderes als die passive Nutzung von Abwärme war die Kombination von

2.3 Passive Entwurfsstrategien für Energieeffizienz

Stall- und Wohnbereichen in Gebäuden, wie im Norddeutschen Hallenhaus. Die Windtürme von Yazd demonstrierten passive Kühlung durch Luftbewegung, Befeuchtung und Erwärmung. Überdachte und verschattete Verandas schützten vor solarer Strahlung, während verglaste Wintergärten die Solarstrahlung nutzten, um deren Wärmeanteile für den Innenraum zu generieren. Begrünte Außenflächen boten den gleichen Effekt der Verdunstungskühlung, den wir aus Wiesen und Wäldern sowie Seengebieten kennen. Ein Gebäude ist weit also mehr als nur Form, Erscheinung und Konstruktion [7].

Diese passiven Prinzipien finden seit dem Bewusstsein für die Endlichkeit der fossilen energetischen Ressourcen wieder vermehrt in der sogenannten *Low-Tech Architektur* oder der Bewegung des *Einfach Bauens* Anwendung [8]. Dabei muss jedoch beachtet werden, dass einige Prinzipien in Kombination ihre Wirkung verstärken können, während andere Kombinationen sich gegenseitig schwächen. Manchmal sind die Rahmenbedingungen wichtiger als zunächst angenommen, dies betrifft die Raumhöhe für Kaminlüftungseffekte oder auch die Differenz zwischen Tag- und Nachttemperaturen für Nachtlüftungskonzepte bei Massivbauten.

Die Projekte *Einfach Bauen* und *2226* sind zwei der zeitgenössischen Forschungs- und Bauprojekte, die genau diese passiven Strategien in Kombination mit einfachen Konstruktionsweisen aufgreifen und in die aktuelle Architekturdebatte um Ressourceneffizienz zurückbringen. Sie stellen die Frage, wie viel Energie benötigt ein Gebäude noch, wenn die Architektur auf das jahrhundertealte Wissen um passive Strategien zurückgreift und diese zeitgemäß integriert?

Das *Einfach Bauen*-Projekt (Abb. 2.3) umfasst drei gleichartige Wohngebäude in der süddeutschen Stadt Bad Aibling jeweils möglichst maximal monolithisch aus den Materialien Beton – Mauerwerk – Holz errichtet, die zum Nutzerkomfort, dem thermischen Komfort und dem Energiebedarf analysiert und miteinander verglichen werden, um Suffizienzstrategien in der Architektur zu erforschen.

Neben der Reduktion der Baumaterialien in die vorher genannten monolithischen Bauweisen weisen die drei Gebäude folgende passive Strategien auf: Die durchschnittliche Fläche für Wohnräume beträgt 18 Quadratmeter, bei denen sich eine Kubatur von 3 Metern Breite, 6 Metern Tiefe bei einer lichten Raumhöhe von 3,10 Metern als optimal in Bezug auf die Nutzbarkeit, die Tageslichtverfügbarkeit und den Energiebedarf erwiesen hat. Der so entstehende Raum verfügt über ein großes Luftvolumen, was sich im Sommer als positiv erweist, eine hohe thermische Speichermasse, die sowohl in kalten als auch in warmen Jahreszeiten die Innenraumtemperatur relativ stabil hält. Der Fensterflächenanteil wurde auf 10–15 % anhand der Mindestgröße des einzuhaltenden Tageslichtquotienten reduziert, sodass die Fläche für Wärmeverluste im Winter und Wärmegewinne im Sommer verringert wurde. Zudem sind die Fenster innenbündig in den Wänden angeordnet; mit einem Rahmen, der aus dem jeweiligen monolithischen Wandmaterial ausgespart wurde, um den Rahmen als Wärmebrücke noch in die Wandfläche zu verlagern. Von außen sind demnach nur die beweglichen Rahmenanteile sichtbar. Die Fenster können vom Nutzer geöffnet werden; Fensterfalzlüfter, Fensterkontakte und eine zentrale Steuerung abhängig von den Messwerten zur Raumlufttemperatur und der relativen Raumluftfeuchte

Abb. 2.3 Forschungshäuser Bad Aibling. Einfach Bauen [9]

beugen einem zu großen Wärmeverlust oder –gewinn bei ausreichendem hygienischem Luftwechsel vor. Die innenbündige Lage der Scheiben sorgt für eine bauliche Verschattung durch die tiefen Laibungen, die Anordnung der Fenster im oberen Wandbereich für einen hohen Tageslichtanteil trotz der minimierten Fläche. Es gibt offene aber verschattete Loggien als thermische Pufferzonen. Die unterschiedliche Ausbildung der Fensterstürze ist durch die materialgerechte Konstruktion bedingt: Da ohne Stahl gebaut wurde, konnten im massiven Holzbau waagerechte Stürze hergestellt werden, die größere Spannweiten aufweisen können als die mit einem Rundbogen hergestellten Fensterstürze in Mauerwerk und Dämmbeton. Allen drei Konstruktionsarten ist gleich, dass in den Außenwänden mit

2.3 Passive Entwurfsstrategien für Energieeffizienz

Luftkammern statt Dämmmaterialien gearbeitet wurde: Es kamen neben dem Dämmbeton Hochlochziegel zum Einsatz und in die massiven Kanthölzer des Holzbaus sind Luftkammern eingefräst. Zudem zeigen alle drei Gebäude mit ihren geneigten Dächern und Vordächern Elemente der lokalen traditionellen Architektur, die gleichzeitig dem Regen- und Sonnenschutz der Fassaden dienen [8].

Während im Projekt *Einfach Bauen* noch konventionelle wasserbasierte Heizungssysteme in Form von Heizkörpern an den Wänden für die kalte Jahreszeit zu finden sind, propagiert das Projekt *2226* Arbeiten und Wohnen in der thermischen Komfortzone zwischen 22 und 26 Grad Innenraumtemperatur ohne aktives Heizen und Kühlen. Ursprünglich für Bürogebäude entwickelt, z. B. für das Architekturbüro Baumschlager Eberle in Abb. 2.4, decken die der Typologie eigenen hohen internen Lasten aus Computern, Menschen und Beleuchtung den Wärmebedarf der Innenräume. Das Nutzerverhalten bestimmt die Gebäudeklimatisierung; unterstützt durch ein Smart Building System, welches in Abhängigkeit der gemessenen Raumtemperatur die Beleuchtung zu- oder abschalten oder die natürliche Belüftung aktivieren kann. Wie das Projekt *Einfach Bauen* arbeitet auch das Projekt *2226* mit der Grundstrategie der hohen thermischen Speichermasse in entweder Außenwänden oder Geschossdecken, natürlicher Belüftung, einer lichten Raumhöhe von über 3 Metern und einer reduzierten Fensterfläche mit hoch in der Wand liegenden Öffnungen. Das Prinzip der vergrößerten Wärmeaustauschflächen anhand von raumseitig nicht verkleideten Innenwänden und Geschossdecken garantiert die Wärmeabgabe und -aufnahme zwischen Raumluft und massiven Bauteilen. Ebenso liegen die Fenster innenbündig für eine größtmögliche Verschattung der Fensterfläche und dadurch eine Minimierung der solaren Wärmeeinträge bei hochstehender Sonne im Sommer. Im Projekt *2226* sind die Lüftungsöffnungen jedoch losgelöst von den Fensterflächen und werden als Lüftungsklappen neben der verglasten Fläche jeweils so

Abb. 2.4 2226 Lustenau, Bürogebäude. Baumschlager eberle architekten [11]

angeordnet, dass sie möglichst lange von der Laibung verschattet werden, um kühlere Luft in die Innenräume zu transportieren. Durch die Vakuumdämmung weisen sie einen besseren u-Wert auf als die Fensterflächen selbst und minimieren so zusätzlich die Wärmeverlust- und -eintragsflächen.

Bei der Übertragung des 2226-Konzepts in den Wohnungsbau reichen die internen Lasten nicht zur Deckung des Wärmebedarfs, sodass strombasierte Infrarot-Heizkörper und dezentrale Warmwasser-Boiler als lokale Wärmequelle analog einem Kamin dienen [10].

Beide Projekte beweisen, dass durch die gezielte Anwendung passiver Strategien in der Gebäudekonzeption robuste Gebäude geschaffen werden können, die in der Lage sind, klimatisch bedingte Temperaturschwankungen auszugleichen und über lange Zeiten im Jahresverlauf einen thermisch-komfortablen Innenraum herzustellen. Der Einsatz passiver Strategien kann nicht nur zu einer Reduktion des Energiebedarfs, sondern wie in beiden Projekten gezeigt, auch zu einem geringeren Materialeinsatz und einem hohen Nutzerkomfort führen.

2.3.1 Thermischer Komfort und die Einflussparameter

Definition und Zielsetzung

Die tatsächliche Zielgröße für jedes noch so einfache Gebäude, in dem sich Menschen aufhalten, ist der thermische Komfort. Jeder noch so einfache Raum, der umhüllt, geheizt, gekühlt, mit Tageslicht versorgt wird, dient nur einem Zweck: Behaglich zu sein. Dafür werden Gebäude errichtet, die vor kalten und heißen Temperaturen schützen, vor kalten und starken Winden, vor intensiver Solarstrahlung oder heftigem Niederschlag. Diese Räume sollten hell und angenehm temperiert sein. Dafür wird seit Jahrhunderten mit passiven und aktiven Maßnahmen gearbeitet, um das kleine thermische Komfortfenster der Menschen im Innenraum zu erreichen. Im Zeitalter der scheinbar endlosen Verfügbarkeit von fossilen Energien, der Erfindung des Stahlbetons, der großen Verglasungen, kunststoffbasierten Dämmmaterialien und Klimaanlagen konnte ein Innenraumklima nahezu unabhängig vom vorherrschenden Außenklima des Standorts geschaffen werden. Das Zielfenster von 18 bis 24 Grad Celsius bei 35 bis 75 % relativer Luftfeuchtigkeit ist problemlos über das gesamte Jahr erreichbar, was noch 100 Jahre früher in vielen Regionen der Erde kaum möglich war. Seit dem Bewusstsein zur Verknappung der Ressourcen und den ersten eintretenden spürbaren Folgen des Klimawandels findet ein Umdenken hinsichtlich der gewählten Strategien zum Erreichen eines hohen thermischen Komforts im Inneren von Gebäuden statt. Im gleichen Atemzug wird das Modell eines adaptiven statt eines statischen Komfortfensters diskutiert und wieder angewandt. Die thermische Behaglichkeit ist nach der Norm EN ISO 7730 als das menschliche Wohlbefinden in Abhängigkeit von der Temperatur definiert und als Qualitätskriterium für Heizungs- und Klimasysteme festgelegt [12].

Komfortmodelle

Predicted Mean Vote: Statisches Komfortmodell

Nach Fanger umfasst der sogenannten Predicted Mean Vote (PMV) ein theoretisches Modell des thermischen Komforts, welches von einer statischen thermischen Umgebung ausgeht und die thermische Behaglichkeit der Nutzer in eine Skala von − 3 (zu kalt) bis + 3 (zu warm) mit 0 als Neutralitätspunkt (angenehm) einteilt. In diesem Modell kann der Nutzer keinen direkten Einfluss auf die Konditionierung des Raumes nehmen, also kein Fenster öffnen oder die Thermostate der Heizkörper nicht bedienen. Einher geht der Prozentsatz unzufriedener Personen (Percentage People Dissatisfied – PPD), der aufgrund vor allem der nicht mit Architektur beeinflussbaren, sekundären Einflussparameter auf den thermischen Komfort (Alter, Geschlecht, ethnische Einflüsse, usw.) immer mindestens 5 % beträgt. Zielwerte für einen hohen thermischen Komfort sind oft mit PMV unter + 0,5 und PPD unter 10 % angegeben und werden für klimatisierte Innenräume verwendet. Sowohl PMV als auch PPD sind im Diagramm in Abb. 2.5 in Relation zueinander abgebildet.

Adaptives Komfortmodell

Für nicht klimatisierte Gebäude, in denen der Nutzer aktiv die Innenraumkonditionierung durch Fensterlüftung, Bedienung der Thermostate und des Sonnenschutzes steuern kann, wird das Modell des adaptiven Komforts verwendet. Hierbei wird die operative Raumtemperatur in Abhängigkeit von einem gleitenden Mittelwert der Außenlufttemperatur

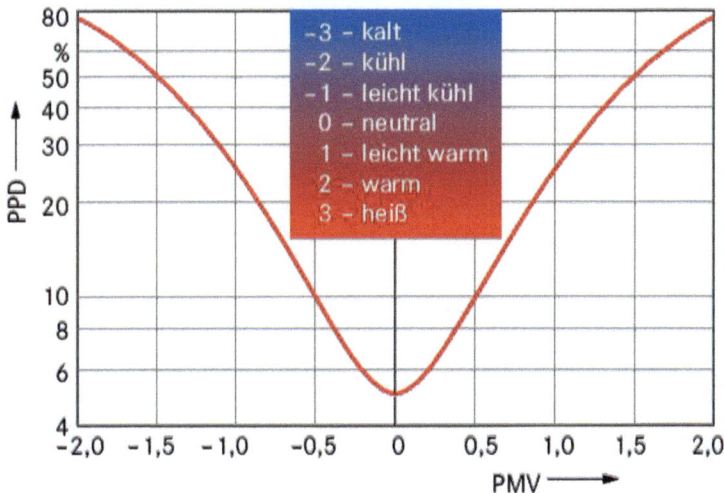

PMV: vorausgesagtes mittleres Votum
PPD: vorausgesagter Prozentsatz an Unzufriedenen

Abb. 2.5 PPD-Index und Raumklimabewertungsskala des PMV-Index [12]

beschrieben. Dabei darf die Außenlufttemperatur um bis zu 5 Grad unter und maximal 4 Grad überschritten werden. Das gesamte Feld des adaptiven Komforts in Abhängigkeit von der Außentemperatur kann in Abb. 2.6 abgelesen werden.

Grundsätzlich unterliegt die thermische Behaglichkeit primären und sekundären Einflussfaktoren, von denen mehrere Faktoren durch die Gebäudekonzeption positiv beeinflusst werden können. Diese sind in Tab. 2.1 aufgeführt:

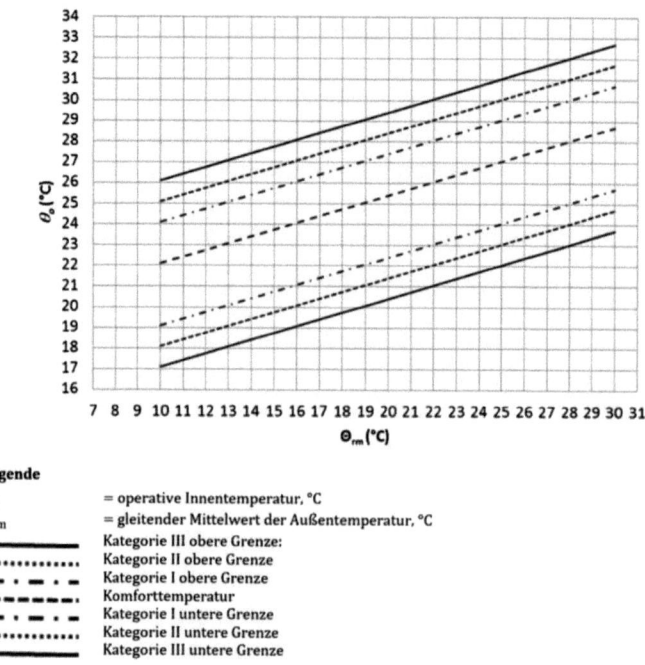

Abb. 2.6 Auslegungswerte der operativen Innentemperatur in Abhängigkeit vom exponentiell gewichteten gleitenden Mittelwert der Außentemperatur [13]

Tab. 2.1 Faktoren thermischer Behaglichkeit. (Angepasst nach [14])

Physikalische Faktoren	Physiologische Faktoren	intermediäre Bedingungen
Umschließende Flächentemperatur	Kleidung	Nahrung
Lufttemperatur	Tätigkeitsgrad	ethnische Einflüsse
relative Luftfeuchtigkeit	individuelle Eingriffmöglichkeiten	Alter
Luftbewegung	Akklimatisation	Geschlecht
Luftdruck	Tages- und Jahresrhythmus	körperliche Verfassung
akustische Einflüsse	Raumbesetzung	Konstruktion des Gebäudes

Einflussparameter in den verschiedenen Klimazonen

In den jeweiligen vorherrschenden Klimazonen haben sich aus den klimatischen Rahmenbedingungen Bauformen über Jahrhunderte entwickelt, die einen möglichst hohen thermischen Komfort für die Gebäudenutzer zu den variierenden klimatischen Zeiten bieten. Diese traditionellen oder auch vernakulären Bauformen machen sich physikalische, vor allem thermische Grundprinzipien zunutze, die fast immer einen langsamen oder schnellen Wärmetransport oder eine Wärmespeicherung bewirken. Je nach Klimazone lassen sich hieraus sogenannte passive Strategien ablesen, die eine Erhöhung des Innenraumkomforts erzielen. In der nachfolgenden Tab. 2.2 sind für die verschiedenen Klimazonen die klimatischen Rahmenbedingungen, die jeweiligen klimaangepassten Bauformen und die abgeleiteten passiven Strategien aufgeführt.

2.3.2 Thermische Zonierung im Gebäude

Eine Einteilung in bewusst verschieden temperierte Zonen innerhalb eines Gebäudes lässt sich vor allem in kalten und gemäßigten Klimazonen deutlich im Grundriss und der zugeordneten Nutzung der Räume ablesen. Da der Schutz vor Kälte und kalten Winden im Vordergrund stand, wiesen Wohnhäuser in nordeuropäischen Gebieten oft vorgelagerte, zur Sonne orientierte Wintergärten auf. Diese dienten dem Windschutz der Eingangsbereiche und waren nicht beheizt. Ein klassisches Beispiel ist das in Abb. 2.7 abgebildete Wohnhaus. Durch die leichte Holzkonstruktion und den relativ hohen Fensteranteil erwärmte sich diese Zone an sonnigen Tagen durch die Solarstrahlung und bot sowohl

Abb. 2.7 Wohnhaus auf der ostfriesischen Insel Spiekeroog [42]

Tab. 2.2 Tabelle der Einflussparameter und passiven Strategien in den verschiedenen Klimazonen. (Angepasst und ergänzt nach [20])

Klimazone	Klimatische Rahmenbedingungen	Klimaangepasste Bauformen
feuchtwarm	hohe relative Luftfeuchte (60–100 %)	Nutzung von Luftbewegungen zur Unterstützung der Wärmeabgabe
	hohe Niederschlagsmengen (1200 bis 2000 mm/a, im Extrem bis 5000 mm/a)	Schutz von Gebäuden und Bauteilen vor
	geringere tägliche und jährliche Temperaturunterschiede (im Tagesdurchschnitt ca. 7 K, im Jahresdurchschnitt ca. 5 K)	direkter Sonnenbestrahlung durch Beschattung, Baukörperform und -orientierung (große Dachüberstände)
	höchste Tages-Lufttemperaturen im Jahresdurchschnitt ca. 30 °C	Schutz vor unerwünschter Wärmespeicherung durch geringe Masse und leichte, wenig speicherfähige Materialien
	niedrigste Nacht-Lufttemperaturen im Jahresdurchschnitt ca. 25 °C	Querlüftung durch gegenüberliegende Gebäudeöffnungen für einen schnellen Abtransport der Wärme
	hohe Bewölkungshäufigkeit, d. h. hoher Anteil diffuser Strahlung	
	bei wolkenlosem Himmel hohe, ansonsten meist durch Bewölkung gemäßigte direkte Sonnenstrahlung	Geringe Gebäude- oder Raumtiefe in Durchlüftungsrichtung
		Orientierung der Lufteintrittsöffnungen zur vorherrschenden Windrichtung
	niedriger Luftdruck	Beschattung der Außenflächen vor den Luft-Eintrittsöffnungen
	oft nur geringe Luftbewegung, bei Regenfällen jedoch z. T. Sturmböen	Ausnutzung des Kamineffektes zur Warmluftabfuhr
		Aufständerung von Gebäuden
	regionales Vorkommen tropischer Wirbelstürme (Zyklone, Taifune, Hurrikans)	Einfügung von offenen Luftgeschossen in Geschossbauten
		mehrschalige, hinterlüftete Dächer mit strahlungsreflektierenden Oberflächen
	Passive Strategien	Lüftung (Querlüftung und Kaminlüftung)
		Verschattung und Regenschutz (Dachüberstand, Fenster)
		Leichtbauweise
		Geringe Raumtiefen
		Innenhöfe
		Lockere Anordnung von Gebäuden

(Fortsetzung)

2.3 Passive Entwurfsstrategien für Energieeffizienz

Tab. 2.2 (Fortsetzung)

Klimazone	Klimatische Rahmenbedingungen	Klimaangepasste Bauformen
trocken-heiß	intensive direkte Sonneneinstrahlung	Vermeidung von hoher Wärmeaufnahme durch
	niedrige relative Luftfeuchte (10–50 %)	direkte Sonnenstrahlung und hohe Lufttemperaturen
	sehr geringe durchschnittliche Niederschlagsmengen (ca. 0–250 mm pro Jahr)	Verwendung von Bauteilen und Baustoffen unter Berücksichtigung der hohen, kurzzeitigen
	jedoch seltene Regenfälle	Temperaturdifferenzen (massive Bauteile)
	mit kurzzeitig hohen Niederschlagsmengen	verwinkelte Führung enger Straßen und Gassen
	hohe Lufttemperaturen am Tage ca. 35–38 °C, Einzeltemperaturen in kontinentalen Wüstengebieten über 50 °C)	zum Schutz vor heißen Winden und Anlage von Vegetations- und Wasserflächen zur Verbesserung des Mikroklimas in der Siedlung oder im Stadtraum
	Passive Strategien	Lüftung (Querlüftung und Kaminlüftung)
		Verschattung (Fenster, Straßenraum)
		Massivbauweise
		Verdunstungskühlung
		Kompakte Baukörper, oft mit Innenhof
		Dichte Anordnung von Gebäuden
gemäßigt	hohe jährliche Temperaturunterschiede (in Mitteleuropa durchschnittlich ca. 18–20 K)	Schutz vor winterlicher Auskühlung Schutz vor sommerlicher Hitze
	mittlere bis geringe tägliche Temperaturunterschiede (in Mitteleuropa durchschnittlich ca. 6–8 K)	Schutz vor gelegentlichen, in manchen Gegenden häufigen Niederschlägen
	mittlere bis hohe relative Luftfeuchte (in Mitteleuropa ca. 60–80 %)	Optimierung des A/V-Verhältnisses der Baukörper Wahl von Dachform und Dachüberstand
	mittlere Niederschlagsmengen (in	Orientierung des Gebäudes nach Himmels- und Windrichtung

(Fortsetzung)

Tab. 2.2 (Fortsetzung)

Klimazone	Klimatische Rahmenbedingungen	Klimaangepasste Bauformen
	Mitteleuropa ca. 800–1000 mm/a	Öffnung und Optimierung der nach Süden gerichteten
	in den Übergangsgebieten zu den	Außenflächen (auf der Nordhalbkugel)
	Tropen ca. 300–400 mm/a)	im Sinne der passiven Nutzung der Solarenergie
	sehr unterschiedliche Sonnenstrahlungsintensität	Anordnung geeigneter Sonnenschutzeinrichtungen
	(in Mitteleuropa hoher Anteil diffuser	
	Strahlung bei häufiger Bewölkung, in den	
	Übergangsgebieten zu den Tropen	
	teilweise höhere direkte Strahlungsmengen wegen der	
	längeren Tageslichtdauer als in den Tropen selbst)	
	Passive Strategien	Lüftung (Querlüftung und Kaminlüftung)
		Verschattung und Regenschutz
		Massivbauweise
		(Dachüberstand, Fenster)
		Massivbauweise mit Dämmung
		Kompakte Baukörper
		Orientierung nach Süden
kalt	niedrige Jahresdurchschnitts-Temperaturen	Schutz vor Kälte in den meisten Monaten des Jahres
	(0–6 °C)	Schutz vor Starkwind und Sturm vor allem in
	geringe tägliche Temperaturunterschiede	der langen kalten Jahreszeit
	(im Sommer wegen langer Helligkeit,	bestmögliche Nutzung der Sonnenwärme
	im Winter wegen anhaltender Dunkelheit)	während des kurzen Sommers
	hohe jährliche Temperaturunterschiede	Optimierung des A/V-Verhältnisses eines Baukörpers
	bei kontinentaler Lage (Sibirien 45–60 K)	zur Verringerung der wärmeabgebenden
	mittlere bis niedrige jährliche Temperatur-	Außenwände (kompakte Bauweise)

(Fortsetzung)

2.3 Passive Entwurfsstrategien für Energieeffizienz

Tab. 2.2 (Fortsetzung)

Klimazone	Klimatische Rahmenbedingungen	Klimaangepasste Bauformen
	unterschiede bei meeresnaher Lage	Orientierung eines Baukörpers wird in Abhängigkeit
	(Island, Norwegen 11–15 K)	von der vorherrschenden Richtung kalter Winde mit
	geringe relative Luftfeuchte besonders	Ausrichtung möglichst großer Fassadenteile nach Süden
	in den Wintermonaten	Zonierung der Räume
	lange Frostperioden (5–9 Monate),	
	zum Teil Dauerfrost in den tieferen	
	Bodenschichten	
	geringe Niederschlagsmengen	
	(ca. 250 mm/a in der Arktisrandzone)	
	Passive Strategien	Lüftung (Querlüftung)
		Massivbauweise mit Dämmung
		Kompakte Baukörper
		Orientierung nach Süden
		Zonierung der Räume

vortemperierte Zuluft für die beheizten Innenräume, eine weitere Dämmschicht für die Außenwand als auch eine angenehme Aufenthaltstemperatur für aktive Arbeiten. Zudem konnte so das beheizte Gebäudevolumen kompakt gehalten und trotzdem den Nutzraum erweiternde Aufenthaltsflächen geschaffen werden. Direkt hinter den Wintergärten waren die Wohn- und Aufenthaltsräume angeordnet, der kalte Flur lag im hinteren Bereich.

Ein weiteres Beispiel ist die sogenannte „Saltbox" aus der Kolonialarchitektur in Nordamerika (Abb. 2.8). Im nach Süden ausgerichteten Teil des Fachwerkhauses befanden sich auf zwei bis drei Geschossen die Wohnräume und Aufenthaltsräume mit großflächigen Verglasungen, während sich in der nur eingeschossigen Seite nach Norden die deutlich kühler temperierten Nebenräume und Lagerräume angeordnet waren. In der traditionellen Architektur befand sich die Heizquelle eher in der Mitte des Gebäudes, sodass es im Gebäudekern am Wärmsten war und folglich die Raumtemperatur zur Außenwand hin stetig abnahm, wenn man die solaren Gewinne außer Betracht ließe. In ariden Regionen mit ihrem trockenen, heißen Klima lagen Schlafräume oft im Osten des Wohnhauses, sodass der Wärmeeintrag am Vormittag stattfand und bis zum Abend wieder abgegeben werden konnte. Wohnräume wurden eher in westlicher Ausrichtung angeordnet. Hier gaben die massiven Außenwände die durch die Sonne am späten Nachmittag gewonnene Wärme erst Stunden später am Abend in den Innenraum ab und hielten diese Räume auch in den bereits kalten Nachtstunden noch angenehm warm [20].

Abb. 2.8 Saltbox Haus: Hartwell Tavern, Lincoln, Massachusetts [15]

2.3.3 Thermische Pufferzonen

Sogenannte thermische Pufferzonen lassen sich in den verschiedensten Formen sowohl innerhalb von Gebäuden, z. B. als Atrium oder Innenhof, als auch an den Außenwänden in Form von Wintergärten finden; sie können horizontal zur Vorkonditionierung der Querlüftung oder vertikal als extra Raumhöhe für Warmluftpuffer angeordnet sein.

Das sogenannte Hofhaus — klassisch ein Wohnhaus mit Innenhof als thermische Pufferzone — war traditionell weit verbreitet und hatte sich jeweils den vorherrschenden Klimabedingungen angepasst: So findet man im heiß-trockenen Klima Nordwestindiens Wohnhäuser sowohl mit außenliegenden überdachten Terrassen als auch relativ kleinen Innenhöfen. Im Sommer kühlten die Terrassen als erstes ab und wurden zum Schlafen verwendet, die kühle Nachtluft verweilte länger am Morgen in den Innenhöfen und beeinflusste so ebenfalls die Lufttemperaturen der umliegenden Räume positiv. Im Winter hingegen blieben die Innenhöfe länger warm und wurden als Arbeitsflächen genutzt.

In höheren Himalaya-Lagen mit kalten, strengen Wintern mit viel Schnee und Regen hingegen waren die Innenhöfe deutlich größer mit auskragenden schmalen Balkonen im Obergeschoss, sodass der halb überdachte Innenhof als wettergeschützter Arbeitsbereich genutzt werden konnte. Gleichzeitig wurde die solare Einstrahlung auf die massiven Außenwände und Decken durch die Ausdehnung des Hofes maximiert, die Abstrahlung der Wärme wurde mit Holzverkleidungen reduziert.

Im feucht-warmen tropischen Klima an den Küsten Indiens verfügte das Hofhaus, wie im Beispiel in den Abb. 2.9 und 2.10 dargestellt, über außen- und innenliegende, zum Hof orientierte, überdachte Verandas, die die hauptsächliche Aufenthaltsfläche über den Tag boten. Die Räume dahinter wurden nur zur Lagerung und zum Schlafen verwendet. Die

2.3 Passive Entwurfsstrategien für Energieeffizienz

Abb. 2.9 Vivekanandas traditionelles Wohnhaus in Kolkata, Indien [16]

Abb. 2.10 Veranda im 1. Obergeschoss des Wohnhauses Vivekanandas [17]

Größe der Höfe variierte mit der Wahrscheinlichkeit von Wirbelstürmen. In Abb. 2.11 ist ein deutlich kleinerer Innenhof zu sehen [22].

Eine vertikale thermische Pufferzone kann durch eine erhöhte Raumhöhe geschaffen werden, sodass sich unter der Decke — über dem Aufenthaltsbereich der Bewohner – die aufgestiegene warme Luft sammeln kann. Ein traditionelles Beispiel für einen solchen Warmluftpuffer sind die Kuppelhäuser in der syrischen Wüste (Abb. 2.12). Massive Konstruktionen schützten den Innenraum bis zum Mittag vor der Hitze, anschließend boten die Kuppeln über den Innenräumen genug Volumen für die bereits erwärmte Luft, bevor der Wohnraum unerträglich heiß wurde [23].

Abb. 2.11 Innenhof eines Chettinad Hauses [18]

Abb. 2.12 Kuppelhäuser in der syrischen Wüste [19]

Verglaste Innenhöfe oder auch Atrien vereinen die Möglichkeiten der horizontalen und vertikalen Pufferzonen, indem sie sowohl genug Raumhöhe für einen Kamineffekt bieten als auch eine Variante der verschatteten Innenhöfe darstellen. Je nachdem, ob sie in der mehrgeschossigen Höhe offen oder geschossweise horizontal getrennt sind, dienen sie eher der Vorkonditionierung der Zuluft oder als erweiterter Aufenthaltsbereich.

2.3.4 Orientierung des Gebäudes

Bezugnehmend auf den Abschn. 2.3.2 zur thermischen Zonierung eines Gebäudes und das historische Beispiel der Saltbox kann hieraus abgeleitet werden, dass grundsätzlich in kalten, heizungsbasierten Klimazonen die Aufenthaltsräume möglichst zur Sonnenseite

2.3 Passive Entwurfsstrategien für Energieeffizienz

orientiert werden, um maximale solare Wärmestrahlung zu gewinnen und in heißen, kühlungsbasierten Regionen die Aufenthaltsräume für die Bewohner sich zum verschatteten und passiv gekühlten Innenhof orientieren. Zusätzlich finden wir zur Gewinnung solarer Wärmestrahlung thermische Pufferzonen an den sonnenexponierten Gebäudefassaden, um die Wärmegewinnung und den thermischen Komfort zu erhöhen. Im nachfolgenden Projektbeispiel wurde die Orientierung eines mehrgeschossigen Wintergartens auf der Insel Island im europäischen Nordmeer in den Varianten Ostorientierung, Südorientierung, Westorientierung mit dem Ziel der maximalen Gewinnung von solarer Wärmestrahlung simuliert. Als Bewertungsparameter wurde der adaptive Komfort über den Jahresverlauf herangezogen. Ohne die weiteren Design-Parameter der verglasten unbeheizten Zone zu verändern, wird in Abb. 2.13 deutlich, dass sich der thermische Komfort nur sehr leicht von 33,26 % bei einer Südausrichtung gegenüber der Ost- oder Westausrichtung mit 32,63 bzw. 32,54 % erhöht. Man kann aber an der maximalen Anzahl der Stunden (hier in rot-orange dargestellt) ablesen, dass sich die Zone bei Südorientierung über 800 Stunden im Jahr zwischen 18 bis 20 °C befindet, selbst bei Außentemperaturen von 0 bis 12 °C. Hingegen weisen sowohl die Ostorientierung als auch die Westorientierung eine Haupttemperatur von 14 bis 16 °C im Jahr auf, sodass nur die Südorientierung im Inneren der thermischen Pufferzone Temperaturen im Komfortbereich der Nutzer entstehen lässt.

2.3.5 Thermische Speichermasse

Traditionelle türkische Architektur in Anatolien demonstriert sehr anschaulich die unterschiedliche Verwendung von thermischer Masse in Gebäudekonstruktionen in Abhängigkeit des vorherrschenden Klimas, da die Menschen die verschiedenen Zeiten des Jahres

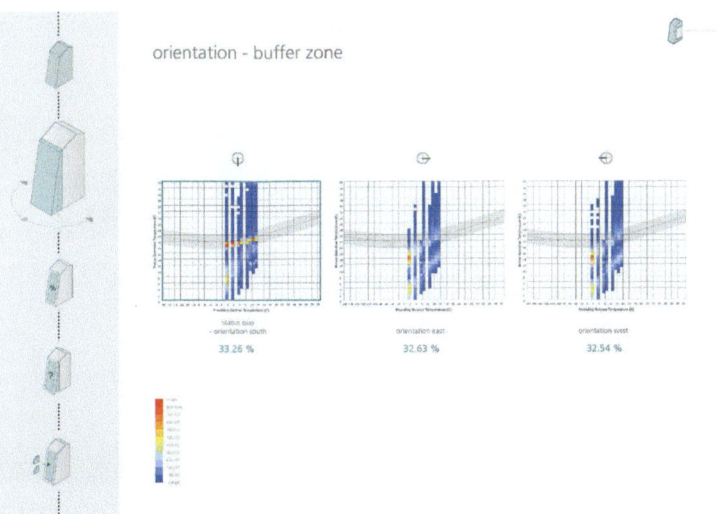

Abb. 2.13 Projektbeispiel Orientierung des Wintergartens, Marie Schnieders, Jade Hochschule

früher in unterschiedlichen Wohnhäusern verbrachten. Während die Wohnhäuser für die warme Region offen und kühl sein mussten, waren die Wohnhäuser für die kälteren Zonen kompakter, um mehr Wärme zu speichern. Der Zusammenhang zwischen dem Klima und der eingesetzten thermischen Speichermasse lässt sich ebenso anhand der Materialwahl ablesen: Häuser im Norden Anatoliens am Schwarzen Meer mit seinem subtropischen Klima waren leichte Holzkonstruktionen, Gebäude in Zentralanatolien mit einem Steppenklima bestanden aus Lehm- und Natursteinen, im Westen mit typischem Mittelmeerklima mit heißen Sommern und milden Wintern wurden Gebäude aus Mauerwerk errichtet und Häuser im Süden aus einer Holz-Stein-Kombination. Diese gezielte Anwendung thermischer Speichermasse findet sich im gesamten Raum um das Schwarze Meer, in Abb. 2.14 ist ein traditionelles Wohnhaus in Sozopol, Bulgarien zu sehen, das ebenfalls

Abb. 2.14 Holz-Konstruktionen für das Obergeschoss am Schwarzen Meer, Sozopol, Bulgarien [25]

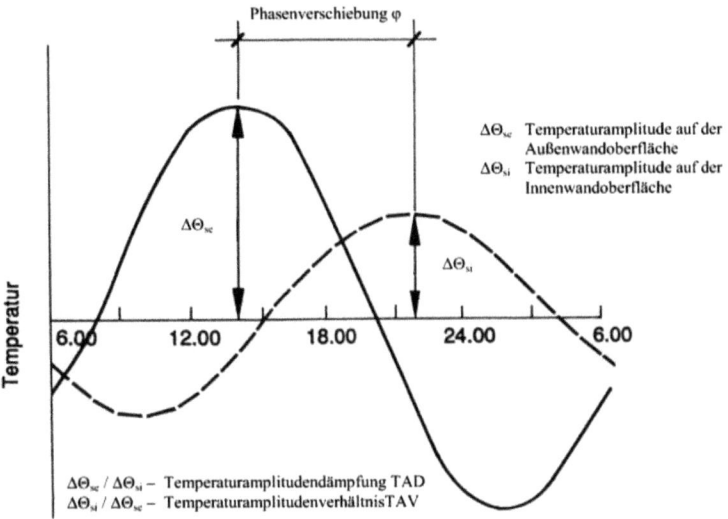

Abb. 2.15 Phasenverschiebung thermischer Masse [24]

eine Stein-Holz-Kombination für eine gute Durchlüftung im Obergeschoss aufweist [26]. Die Wahl von Materialien mit hoher oder geringer thermischer Speicherfähigkeit basiert auf dem lokalen Klima: Während massive Materialien wie Naturstein, Lehm oder Beton die Wärme solarer Einstrahlung zunächst absorbieren und dann zeitverzögert – oft Stunden später – an den Innenraum abgeben können, erlauben Konstruktionen mit geringer thermischer Speichermasse, wie z. B. Holz- oder Textilkonstruktionen ein schnelles Abführen der Wärme des Tages nach Sonnenuntergang. Dieser Vorgang ist in Abb. 2.15 dargestellt. Folglich wurde thermische Speichermasse überwiegend in kühleren Jahreszeiten oder Regionen eingesetzt, während Gebiete mit warmen Nächten vor allem auf die Abwesenheit von thermischer Speichermasse bauten.

In Korea hat sich im Laufe der Zeiten mit dem typischen koreanischen Wohnhaus eine Gebäudetypologie entwickelt, die aufgrund der wechselnden Wetterbedingungen zwischen subtropischem und kontinentalem Klima mit trockenen kalten Wintern und heißen Sommern mit Monsunzeiten sowohl die Speicherfähigkeit thermischer Masse als auch die gute Durchlüftung von leichten Holzkonstruktionen vereint: Das sogenannte Hanok. Die Aufenthaltsräume für den kalten Winter verfügten über einen massiven Fußboden mit Fußbodenheizung, die Aufenthaltsräume für den Sommer hingegen hatten einen Holzfußboden mit rückwärtiger Belüftung oder waren teilweise aufgeständert, um eine natürliche Durchlüftung zu erlauben, wie in Abb. 2.16 zu erkennen [27].

2.3.6 Solare Gewinne

Während das Beispiel aus dem Abschn. 2.3.4 zur Orientierung des Gebäudes eindrucksvoll zeigt, wie viel Einfluss das Ausrichten des Baukörpers in kalten Regionen wie Island zur Sonne hat, gilt es in heißen Klimazonen eher, die Aufenthaltsräume vor der solaren

Abb. 2.16 Hanok in Korea [28]

Einstrahlung und damit vor passiven Wärmegewinnen zu schützen. Das Projektbeispiel in Abb. 2.17 von Palawan, einer der philippinischen Inseln zeigt eine einfache Unterkunft, die im ersten Entwurf aus zwei massiven Innenräumen und jeweils an der Ost- und Westfassade einer überdachten Terrasse besteht. Die Simulation des Modells weist einen adaptiven Komfort von 53 % im Jahr ohne aktive Klimatisierung aus. In der Optimierung wird der Grundriss gedreht und alle vier Fassaden erhalten eine überdachte Terrasse als Sonnenschutz gegen den Wärmeeintrag der Solarstrahlung auf die massive Wand, ebenso eine optimierte Dachform, die eine bessere Durchlüftung erlaubt. Durch diese Maßnahme erhöht sich der adaptive Komfort auf 90 % im Jahr ohne aktive Klimatisierung. Das Beispiel beweist eindrucksvoll, wie hoch der Einfluss der solaren Gewinne auf die thermische Behaglichkeit in Innenräumen ist, und dass das Überprüfen der gewählten Maßnahmen in ihrer Wirkung essentiell ist, um mit kleinen Veränderungen teilweise große Wirkungen zu erzielen.

2.3.7 Verschattung

Bauliche Verschattung durch auskragende Elemente, Dachüberstände oder ganze Obergeschosse findet man als passive Strategie in allen Regionen mit heißen Jahreszeiten als Sonnenschutz jeweils für die Außenwände. Das Abschirmen von direkter solarer Strahlung verzögert die Erwärmung der Außenwand und gleichzeitig den Wärmedurchgang in den Innenraum, sodass dieser länger angenehm kühl bleibt. In heißen, trockenen Regionen steht oft die Reduktion der Solarstrahlung auf die Gebäudeflächen zentral in der architektonischen Gestaltung und führt zu möglichst kleinen Außenflächen. In kalten Jahreszeiten

2.3 Passive Entwurfsstrategien für Energieeffizienz

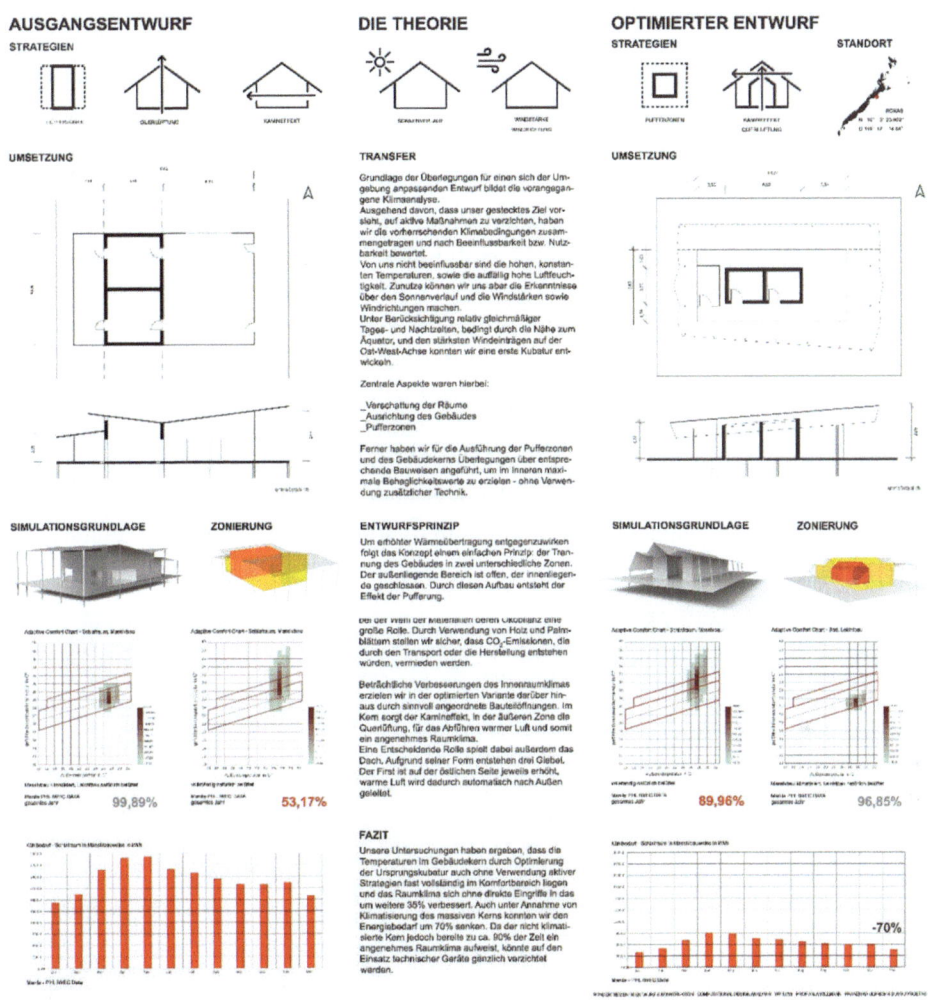

Abb. 2.17 Projektbeispiel: Unterkunft auf Palawan, Philippinen, D. Yücetas, F. Ulbrich, Frankfurt University of Applied Sciences

mit tief stehender Sonne kann diese umgekehrt die Außenwand direkt erwärmen und so für eine angenehme Wärmeübertragung in den Wohnraum sorgen. Ein bekanntes Beispiel hierfür ist das auskragende Obergeschoss der bulgarischen traditionellen Wohnhäuser wie in Abb. 2.14 zu sehen. Es diente nicht nur der Verbindung von Innen und Außen, sondern schützte gleichzeitig bei hochstehender Sonne das massiv gebaute Erdgeschoss vor solarer Einstrahlung, um die Wärmespeicherung zu minimieren [26].

2.3.8 Lüftungsstrategien

Das wohl berühmteste vernakuläre Beispiel für eine sehr effektive Lüftungsstrategie, die auf physikalischen Prinzipien aufbaut, ist der Windturm aus dem arabischen und westasiatischen Raum, der sogenannte Badgir oder Malqaf (Abb. 2.18). Das Prinzip wird auch heute noch angewendet und benötigt als Voraussetzung Tag-Nacht-Temperaturdifferenzen von mindestens 10 Kelvin und idealerweise eine geringe Bewölkungsdichte. Dabei ragt der Windturm weit über das Gebäude hinaus und verfügt über mindestens zwei, oft jedoch vier Öffnungen am oberen Ende. Je nach klimatischer Situation kann sich die Funktion umkehren: Unter Wind drückt der Staudruck die Luft, die kühler als die Innenraumluft ist, in den Turm, der dadurch abgekühlt wird. Kühle Luft sinkt nach unten und kühlt das Gebäude. Bei Windstille wird die Luft im Bagdir durch die einstrahlende Sonne erwärmt, steigt auf und sorgt so für einen Unterdruck im Gebäude, sodass hier in Bodennähe frische Luft nachströmen kann. Es entsteht eine Luftbewegung im Innenraum, die aufgrund der Transpirationsunterstützung als angenehm empfunden wird: die sogenannte Kaminlüftung. Zusätzlich kann die Stärke der Strömung durch verschließbare Klappen im Turm gesteuert werden. Der kühlende Effekt kann durch den Kontakt der einströmenden Luft mit Wasserflächen verstärkt werden, indem durch Evaporation die Wasseraufnahme der Luft erhöht und damit die Temperatur weiter gesenkt wird. Diese Verdunstungskühlung wird

Abb. 2.18 Windtürme in Yazd, Iran [30]

2.3 Passive Entwurfsstrategien für Energieeffizienz

durch die Anordnung von Wasserbecken unter den Zuluftschächten der Bagdirs direkt im Gebäude oder durch unterirdische urbane Kanalsysteme, den Kanats, geschaffen. In der iranischen Stadt Yazd gibt es aktuell noch circa 33.000 dieser unterirdischen Aquädukte. In diesem Fall müssen die Windtürme nicht direkt mit dem Gebäuden verbunden sein; sie versorgen über das Kanat-Netzwerk die Gebäuden mit kühler Luft aus dem Erdreich [29].

Eine weitere Lüftungsstrategie, die uns allen vertraut ist, ist die Fensterlüftung oder auch Querlüftung. Durch gegenüberliegende Fensteröffnungen bei möglichst geringer Gebäude- oder Raumtiefe kann durch Durchströmung des Raumes die erwärmte Luft gegen Frischluft ausgetauscht werden. Idealerweise sind die Lufteintrittsöffnungen zur vorherrschenden Windrichtung orientiert, um einen gleichmäßigen und zügigen Luftwechsel zu ermöglichen. Anders als bei der Kaminlüftung ist die Querlüftung für eine optimale Funktionsweise auf Winddruck und –sog angewiesen. In heißen Jahreszeiten können beschattete Außenflächen vor den Zuluftöffnungen dafür sorgen, dass sich die Außenluft beim Eintritt nicht direkt über Wärmeabstrahlung der sonnenbeschienenen Oberflächen erwärmt. Zudem sollte auf eine ausreichende Luftzufuhr bzw. ungehinderte Windeinwirkung auf die Zuluftöffnungen und die Vermeidung von Durchlüftungsbarrieren im Raum geachtet werden. Eine Orientierung der Längsachse orthogonal zur Hauptwindrichtung ist von Vorteil. Oft kann man in vernakulärer Architektur aufgeständerte Gebäude in feucht-warmen Klimazonen beobachten, die zum einen durch die erhöhte Lage die Windgeschwindigkeiten erhöhen und zum anderen aufgrund der Hinterlüftung der Bodenplatte weitere Wärmegewinne durch die thermische Speicherung des Erdreichs verhindern. Fensterlüftung lässt sich auch in Regionen mit geringen Tag-Nacht-Temperaturdifferenzen unter 10 Kelvin und hohen Nachtlufttemperaturen sowie einer hohen Bewölkungshäufigkeit finden, zum Beispiel in Südostasien oder dem Amazonasgebiet. Im Beispiel in Abb. 2.19 sind die Öffnungen der Dachflächen zur Hauptwindrichtung orientiert, um einen schnellen Abtransport der Wärme des Tages zu gewährleisten [20].

Abb. 2.19 Batak-Dorf auf Samosir Island [21]

2.4 Aktive autarke Versorgung mit erneuerbaren Energien

Je nach Nutzung weisen die unterschiedlichen Gebäudetypologien grundsätzlich einen höheren oder niedrigeren Heiz- und Kühlbedarf über das Jahr auf: Während Schulen und Bürogebäude aufgrund der hohen Fensterflächenanteile für Tageslicht und der hohen internen Wärmegewinne durch Personen, elektrische Geräte und Beleuchtung oft einen sehr geringen Heizbedarf in kalten Monaten aber einen hohen Kühlbedarf in warmen Monaten verursachen, kehrt sich der Bedarf bei Wohngebäuden mit einer eher geringen Personenanzahl je Quadratmeter und wenigen wärmeerzeugenden technischen Geräten um; hier entsteht ein hoher Heizwärmebedarf im Winter und ein geringer Kühlbedarf im Sommer. Dieser Bedarf lässt sich durch passive Strategien reduzieren, jedoch nicht vollständig über den Jahresverlauf kompensieren, sodass in der energetischen Bilanz jeweils entweder ein Heizwärme- oder ein Kühlbedarf oder je nach Gebäudenutzung und -konstruktion auch beides in Kombination entsteht. Wie unter anderem das Projekt *2226* aufzeigt, führt die Weiterentwicklung der Gebäudetechnologie dazu, dass nicht immer sowohl wasserbasierte Systeme zum Heizen als auch strombasierte Systeme notwendig sind; jedoch tragen redundante Systeme im Fall von Klimawandelfolgen und Extremwetter zu einer Robustheit der Versorgung bei.

Zudem kann mithilfe von aktiven Systemen zur Gebäudeklimatisierung die Sicherheit eines thermisch-behaglichen Innenraums geschaffen werden, die insbesondere für vulnerable Bevölkerungsgruppen und die Infrastruktur der Grundversorgung unabdingbar ist: Wohnraum für ältere Menschen, Krankenhäuser und Kindereinrichtungen, Lieferketten und Einrichtungen der Lebensmittel- und Medikamentenversorgung.

Die Prognosen der Klimawandelszenarien lassen auch im europäischen kontinentalen Klima in den Sommermonaten längere Phasen mit tropischen Temperaturen erwarten, die zur Folge haben, dass die massiven Gebäudestrukturen, die auf einen nächtlichen Temperatursturz zur Entladung der thermischen Speichermasse durch Nachtlüftung angewiesen sind, nicht mehr auf den Komfortbereich unter 26 Grad Celsius abkühlen können. Dies führt zu Innenraumtemperaturen weit über dem Komfortbereich und kann aktive Kühlung für die genannten Bevölkerungsgruppen und Infrastrukturen zwingend erforderlich machen.

Aus diesen Gründen benötigen Projektplanungen neben der Anwendung passiver Strategien eine grundsätzliche Versorgung mit erneuerbaren Energien zur Bereitstellung von thermisch-komfortablen Gebäuden unter den vorherrschenden und prognostizierten klimatischen Bedingungen der jeweiligen Region. Die idealerweise lokale Produktion von Strom und Wärme aus Sonne, Wind, Geothermie, Biomasse, Umgebungswärme für das zu planende Projekt kann direkt in die Gebäudehülle, die Gebäudetechnik oder den Standort integriert werden.

EDDA-Workflow: Simulation passiver Strategien 3

Zusammenfassung

Kap. 3 beschäftigt sich mit der Integration thermisch-dynamischer Simulation in den Entwurfsprozess von Gebäuden. Die Wirksamkeit von passiven Strategien bezüglich der Erhöhung des thermischen Komforts im Innenraum wird anhand von Projektbeispielen aufgezeigt. Ebenso wird eine klimatische Standort- und Potenzialanalyse des Ortes und der daraus abzuleitenden möglichen Entwurfsstrategien ausführlich dargestellt. Zudem beinhaltet dieses Kapitel Anleitungen zur Erstellung von Simulationsmodellen für jede einzelne passive Strategie mithilfe der digitalen Tools *Rhinoceros 3D* [31], *Grasshopper* [32] und den *Ladybug Tools* [33].

3.1 Der integrierte Entwurfsprozess – EDDA Workflow

Die Integration energetischer Simulation in den Entwurfsprozess erlaubt es, das Verhalten des entworfenen Gebäudes in Bezug auf die thermische Behaglichkeit der Nutzer vor der Fertigstellung zu überprüfen. So kann nicht nur die Nutzerzufriedenheit als Kriterium für eine lange Nutzungsdauer, sondern zugleich der erforderliche Energiebedarf ermittelt und gegebenenfalls beides optimiert werden. Aber der integrierte Entwurfsprozess beginnt bereits deutlich vor den ersten Entwurfsgedanken: Durch eine vorgelagerte Analyse der lokalen Klimadaten und Standortbedingungen in Bezug auf die vorherrschenden Temperaturen, Niederschläge, Windrichtungen und –geschwindigkeiten sowie die Intensität der solaren Einstrahlung können die Potenziale des Ortes identifiziert werden. Diese wiederum bilden die Grundlage für die am Standort möglichen passiven Strategien zur Erhöhung des Innenraumkomforts bevor überhaupt eine einzige Kilowattstunde Energie zum Heizen oder Kühlen eingesetzt werden muss. Zudem erhöhen passive Strategien den Nutzerkomfort, indem die Bewohner selbst Einfluss auf ihre Umgebung nehmen können: Die Zwischentür zum Wintergarten öffnen an sonnigen Frühlingstagen oder sich an heißen Tagen in den verschatteten, bepflanzten Innenhof zurückziehen. Die Simulation hilft dabei herauszufinden, zu welchen Zeiten am Tage oder im Jahr es grundsätzlich zu kalt oder zu warm ist und wann es sich lohnt, Solarstrahlung als Wärmequelle einzufangen oder wann sie vermieden werden muss. Man kann an den Wetterdaten Temperaturdifferenzen zwischen Tag und Nacht erkennen, die für eine massive Bauweise mit Nachtlüftung im Sommer zwingend erforderlich sind. Thermischdynamische Simulation weist die Wirkung des natürlichen Lüftungskonzepts auf die Innenraumtemperaturen auf stündlicher Basis aus, sodass deutlich wird, zu welcher Tageszeit und für welchen Zeitraum zusätzliche Maßnahmen notwendig sind, sodass diese sehr präzise dosiert werden können. Auswirkungen möglicher Veränderungen in den Klimadaten oder dem Nutzungskonzept können prognostiziert werden, um bereits in der Planungsphase Antworten auf diese Fragen zu finden. Innovative Konzepte können durch Simulation in ihrer Wirkung numerisch nachgewiesen werden, um ihre Wirksamkeit zu beweisen und die Umsetzungschancen zu erhöhen.

Diese Vorteile der Integration thermisch-dynamischer Simulation lassen sich sehr früh im Entwurfsprozess mit vereinfachten Geometrien abbilden und direkt optimieren, um die Ergebnisse simultan in die Entwurfsentwicklung zurückfließen zu lassen.

Der integrative Entwurfsprozess für einen Environmental Digital Design Analysis-Workflow (EDDA-Workflow) besteht aus 6 Schritten:

1. Klimaanalyse des Standorts: Klimazone, thermischer Komfort, Temperaturen, Solarstrahlung, Wind, Luftfeuchtigkeit, lokale erneuerbare Energiequellen
2. Nachhaltigkeitskonzept: Mögliche passive und aktive Strategien am Standort
3. Entwurfskonzept unter Berücksichtigung der erarbeiteten Potenziale und Strategien
4. Simulation des Entwurfs zum Überprüfen der Wirkung anhand numerischer vergleichender Ergebnisse
5. Optimierung des Strategiensets zur Maximierung der Wirkung der passiven und Minimierung der aktiven Strategien
6. Rückführung der Ergebnisse in den Entwurf

Die Ziele dieses fünfstufigen Prozesses sind ein hoher thermischer Komfort für den Nutzer und ein geringer Betriebsenergiebedarf über das Jahr, der aus lokalen erneuerbaren Energiequellen gedeckt werden kann.

3.1 Der integrierte Entwurfsprozess – EDDA Workflow

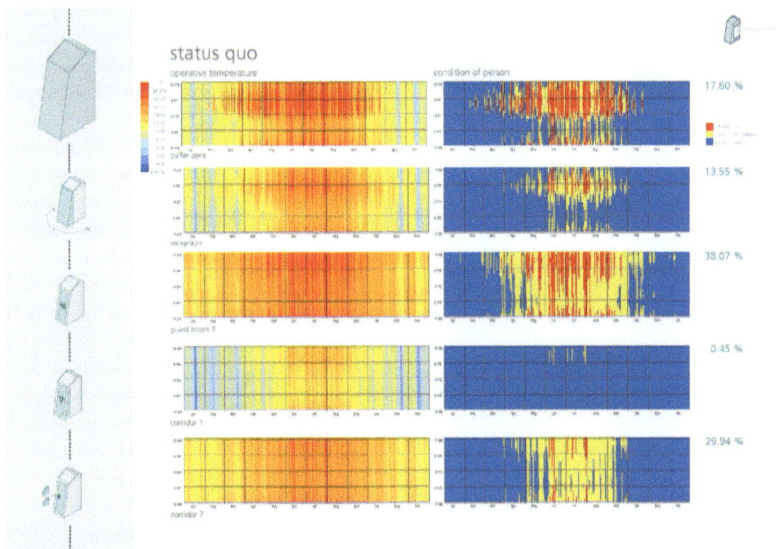

Abb. 3.1 Analyse des thermischen Komforts im Status Quo, Marie Schnieders, Jade Hochschule

Das nachfolgende Beispiel aus dem Lehrmodul ‚EDDA – Environmental Digital Design Analysis' an der Jade Hochschule demonstriert den Einfluss der thermisch-dynamischen Simulation auf den Entwurfsverlauf sehr eindrücklich. Abb. 3.1 betrachtet die Innenraumtemperatur der verschiedenen Nutzungszonen des Gebäudes auf der linken Seite sowie den prozentualen Anteil der thermisch-komfortablen Stunden im Jahr in den jeweiligen Räumen auf der rechten Seite unter der Voraussetzung, dass der zugrunde liegende erste Entwurf rein passiv betrachtet wird; also weder aktiv geheizt noch gekühlt wird. Dabei wurde bereits eine horizontale Zonierung in einen geschossübergreifenden Wintergarten – südlich gelegen, Gästezimmern im mittleren Gebäudebereich und nördlich gelegenen Nebenräumen wie Erschließung und Rezeption vorgenommen wie in Abb. 3.2 und Abb. 3.3 dargestellt. Es lässt sich aus den Analyseergebnissen schlussfolgern, dass der nach Süden ausgerichtete Wintergarten (buffer zone) in der meisten Zeit des Jahres zu kalt ist, wenige Stunden im Jahr angenehm und sehr schnell zu warm wird. Die warmen Innenraumtemperaturen ziehen sich von April bis September bis in die frühen Morgenstunden, sodass hier eine Nachtauskühlung eventuell für komfortable Innenraumtemperaturen durch den Sommer sorgen könnten, ohne dass eine aktive Kühlung notwendig erscheint. Die Rezeption weist in großen Teilen des Jahres angenehme Innenraumtemperaturen auf, dieser Bereich benötigt lediglich eine Heizung über die kalten Monate; ebenso der Flurbereich. Das Gästezimmer scheint durch solare Gewinne über den Wintergarten von April bis Oktober ausreichend warm zu sein, weist jedoch in diesem Zeitraum ab dem späten Nachmittag und in heißen Wochen deutlich zu warme Innenraumtemperaturen auf, die für den Nutzer

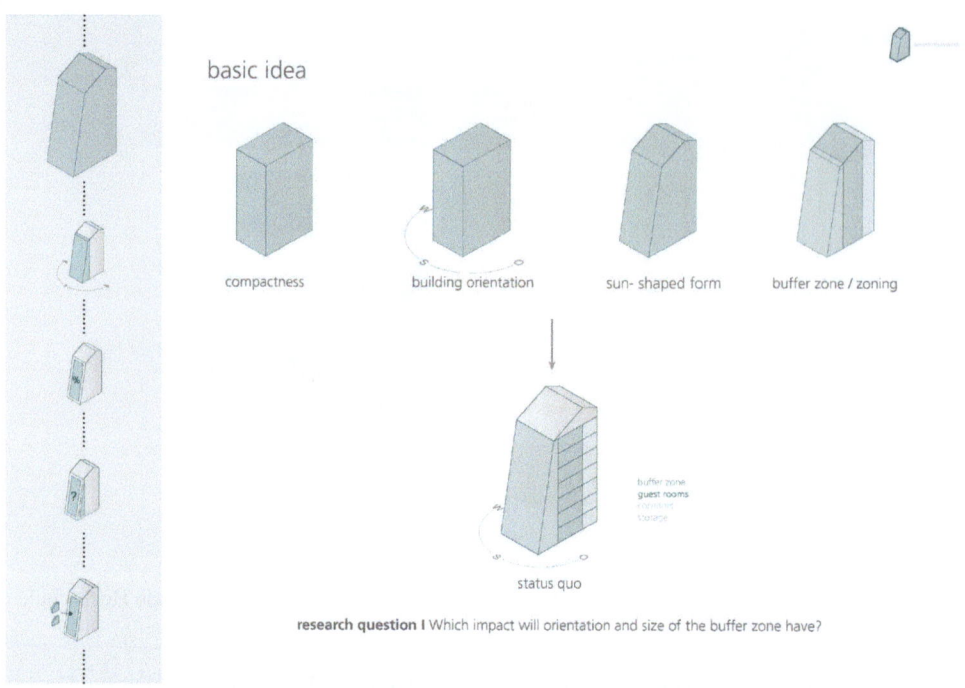

Abb. 3.2 Status Quo: Erste Entwurfsidee, Marie Schnieders, Jade Hochschule

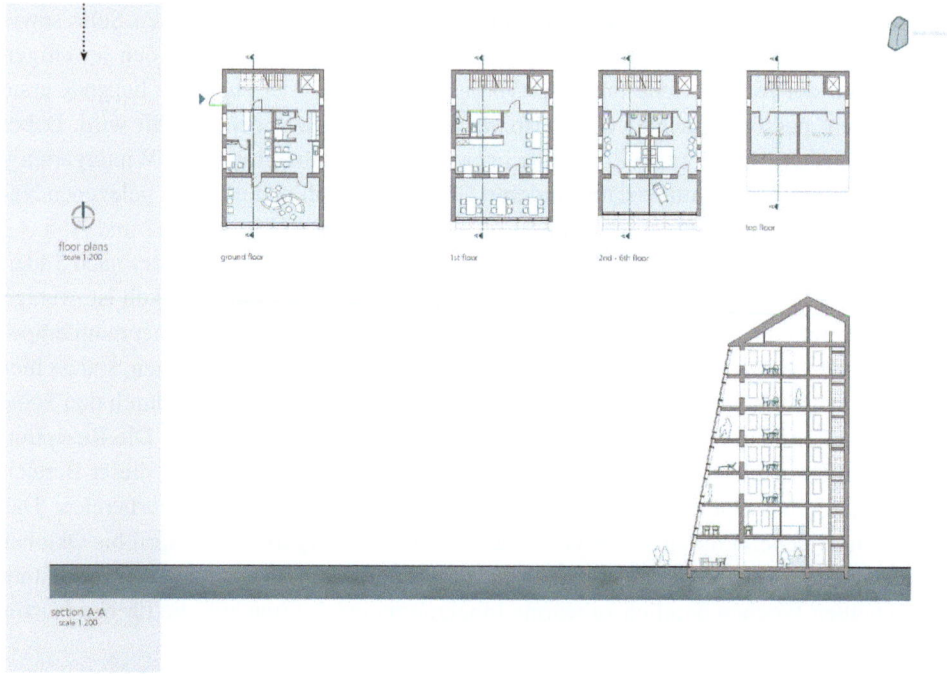

Abb. 3.3 Grundrisse und Schnitt des optimierten Entwurfs, Marie Schnieders, Jade Hochschule

3.1 Der integrierte Entwurfsprozess – EDDA Workflow

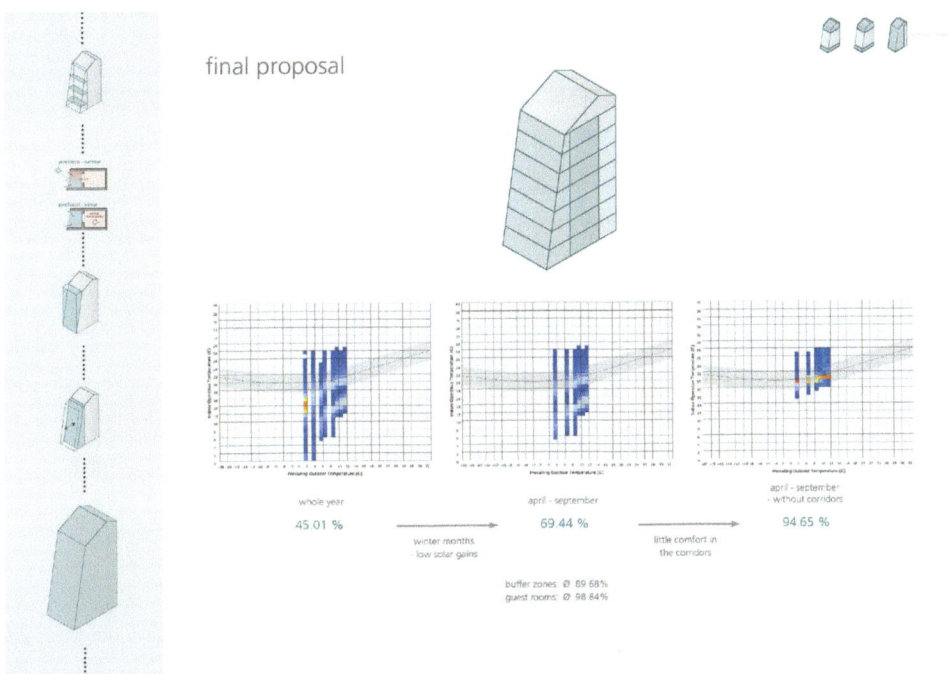

Abb. 3.4 Optimierter Entwurf, Marie Schnieders, Jade Hochschule

unkomfortabel sind. Auch hier kühlen die Innenräume über Nacht kaum ab, sodass auch nachts kein ausreichender Schlafkomfort erreicht wird. Passive mögliche Maßnahmen zur Erhöhung des thermischen Komforts wären in diesem Fall eine Nachtauskühlung über freie Lüftung oder ein Sonnenschutz, um die solare Einstrahlung zu regulieren. Im weiteren Entwurfsprozess in Abb. 3.4 wurde der Wintergarten horizontal geschossweise geteilt und orthogonal zur Solarstrahlung geneigt, um den solaren Wärmeeintrag gleichmäßig kontrollieren zu können sowie eine Lüftung zwischen Wintergarten und Gästezimmer eingeführt, um eine passive Nachtauskühlung zu ermöglichen. Diese passiven Maßnahmen in Kombination mit einer Heizung in den Wintermonaten führen zu einer deutlichen Erhöhung des thermischen Komforts in den Innenräumen in Abb. 3.5: Von April bis September weisen die Gästezimmer nun thermisch komfortable Innenraumtemperaturen auf. Der gezielte Einsatz der passiven Strategien lässt sich im finalen Entwurf in den Ansichten in Abb. 3.6 sehr gut anhand des Fensterflächenanteils der einzelnen Fassaden ablesen: Während die Südfassade fast komplett verglast ist, weisen die Ost- und Westfassaden moderate Fensteranteile auf; hingegen bleibt die Nordfassade komplett opak.

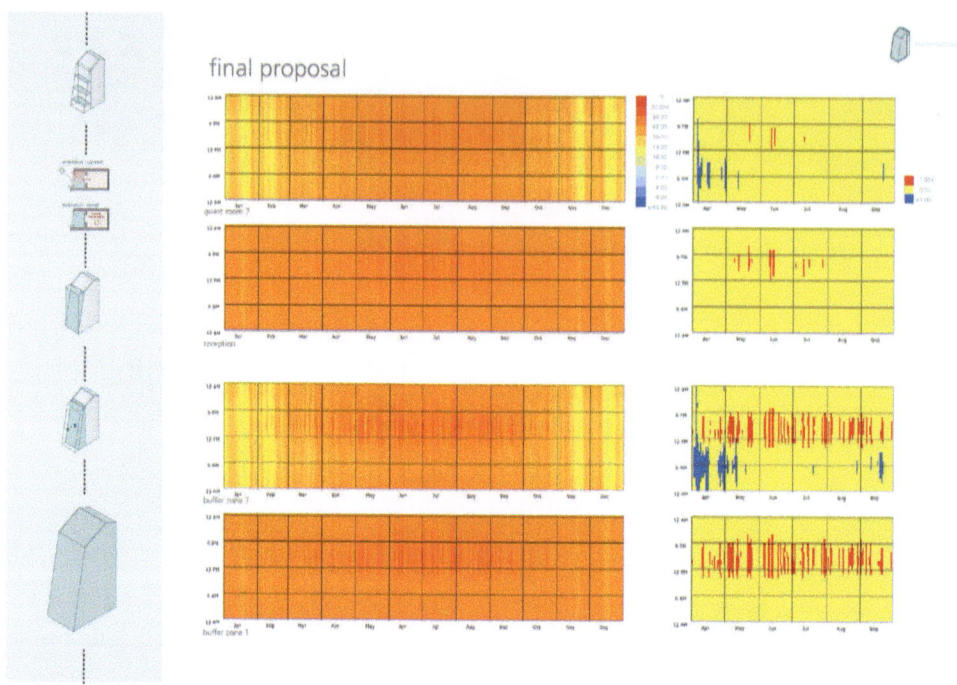

Abb. 3.5 Analyse des thermischen Komforts im optimierten Entwurf, Marie Schnieders, Jade Hochschule

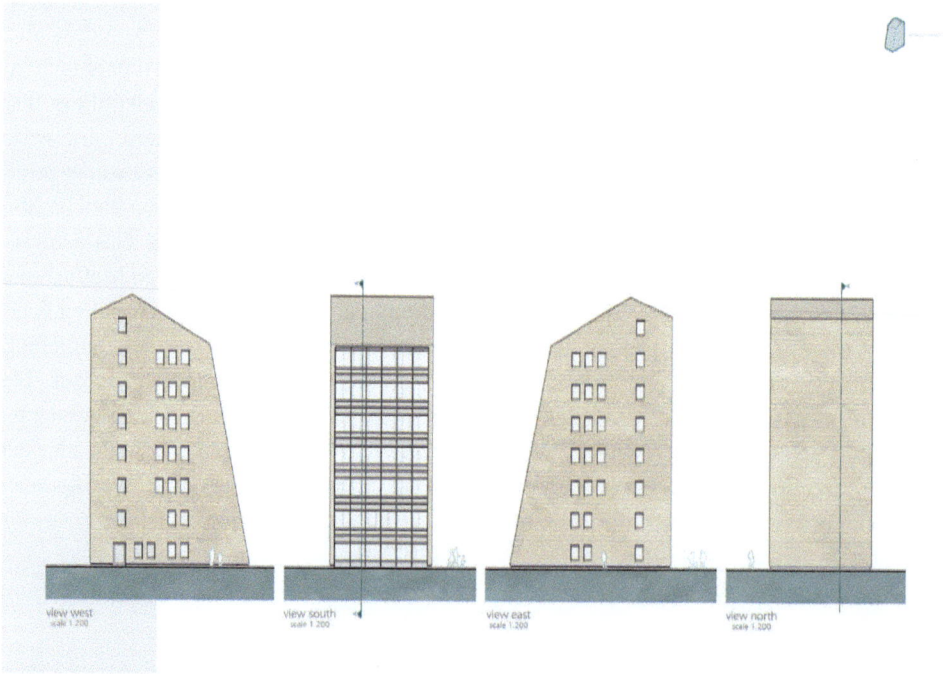

Abb. 3.6 Ansichten des optimierten Entwurfs, Marie Schnieders, Jade Hochschule

3.2 Wahl der digitalen Tools

Zur Analyse der Standort-Potenziale in Abschn. 3.3 und der passiven Strategien in Abschn. 3.4 werden in diesem Buch die Software-Tools *Rhinoceros 3D* für die Modellierung der Gebäude und Umgebung sowie die graphische Darstellung der Ergebnisse und das in *Rhinoceros 3D* ab Version 7 integrierte *Grasshopper-Tool* für das visuelle Skripten verwendet. Dabei kommen vor allem die Plug-ins der *Ladybug Tools* inklusive *Ladybug* für Klimaanalysen, *Honeybee* für die thermisch-dynamische Simulation und *Dragonfly* für das Modifizieren der Wetterdaten zum Einsatz. Diese Kombination erlaubt das Untersuchen und Variieren einzelner Parameter ohne ein sehr komplexes Modell in seinen Einzelheiten definieren zu müssen. Zum Beispiel kann der Einfluss von Querlüftung auf den Innenraumkomfort bestimmt werden, ohne die Konstruktion bereits in allen Aufbauschichten festlegen zu müssen. So können verschiedene passive Strategien im Entwurfsstadium auf ihre Wirkung getestet und für einen maximalen Effekt optimiert werden; im Beispiel der Querlüftung wären das Fenstergrößen und -anordnungen in den Räumen, Orientierung zur Windrichtung und eine Grundrisszonierung, die eine Querlüftung über die gesamte Gebäudetiefe erlaubt. In Bezug auf die Vereinfachung ähneln sich die beiden in diesem Buch vorgestellten digitalen Tools: Während der *City Energy Analyst* mit standardisierten Gebäudetypologien und Einzonenmodellen arbeitet, können im EDDA-Workflow einzelne Entwurfsparameter und ihre Wirkung analysiert werden.

3.2.1 Aufbau des 3D-Modells für die Simulation

Die Modellierung in *Rhinoceros 3D* basiert auf einem Zusammenschluss von thermischen Zonen statt wie bei einem architektonischen 3D-Modell in Elementen. Hierbei ist wichtig, dass jede thermische Zone von einer geschlossenen Geometrie umgeben sein muss. Auskragende Elemente sind nicht akzeptabel; Decken müssen raumweise geteilt; Dachüberstände in raumbegrenzende Elemente und Dachüberstände geteilt werden. Begrenzende Elemente, die keine realen Elemente sind, zum Beispiel eine Öffnung in der Decke, können später als sogenannte *Airwall* definiert werden. Pro thermische Zone muss eine in sich geschlossene Geometrie entstehen. Fenster und Türen werden ebenfalls als Flächen modelliert und direkt in der Wandebene belassen, wie in Abb. 3.7 gut zu erkennen ist. Über die Materialdefinition können diese Flächen anschließend als Fenster und Türen definiert werden. Nützliche Befehle hier sind hier *explode* um ein Volumenmodell in einzelne Flächen zu teilen oder *join* um Flächen zu verbinden.

3.2.2 Import in *Grasshopper*

Jedes geometrische Element wird mittels der Komponente *Brep* in *Grasshopper* übernommen (Abb. 3.8): *Brep* erstellen, Rechtsklick und per *Set one Brep* Wand oder Volumen auf der *Rhinoceros 3D*-Oberfläche auswählen. Für mehrere Geometrien, die die gleiche Zuweisung (Wand, Decke, Fenster) bekommen, kann man anstelle von *Set one Brep* via

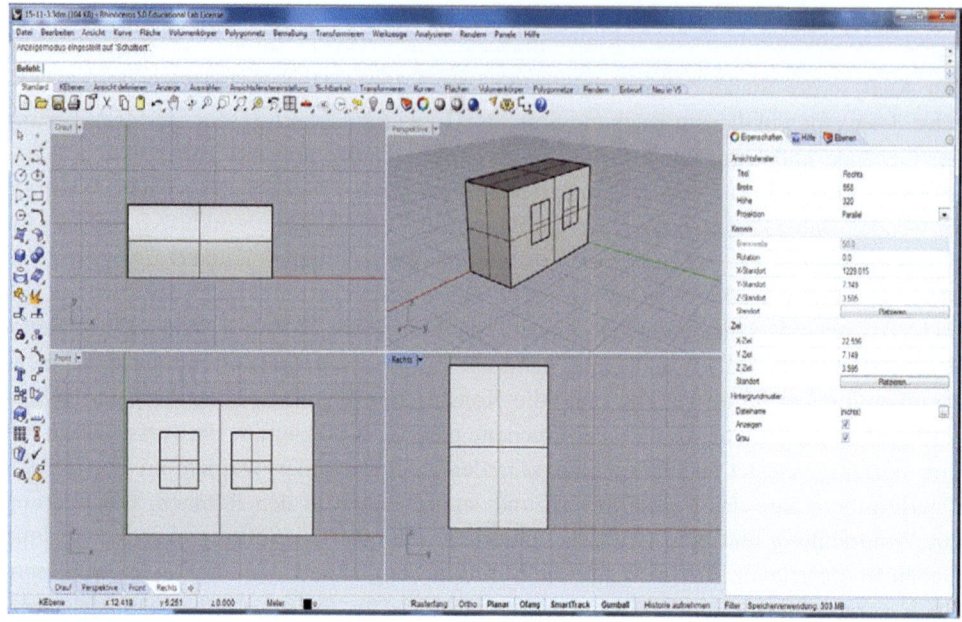

Abb. 3.7 3D-Modell als *Rhinoceros 3D*-Geometrie

Abb. 3.8 Import in *Grasshopper* via Brep

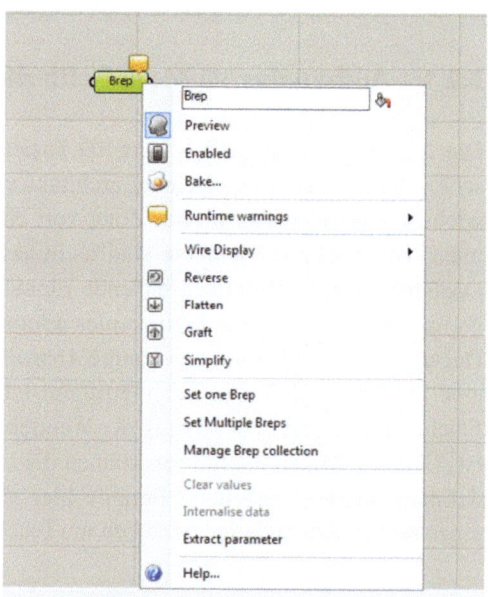

Set multiple Breps und die entsprechenden Geometrien für die Zuordnung auswählen. Die Zuweisung der einzelnen Elemente kann in *Grasshopper* über Rechtsklick *internalize data* fixiert werden. Andernfalls ist das erneute Zuweisen der 3D-Geometrie in das

Grasshopper-File bei jedem Öffnen notwendig. Das Brep-Feld kann für eine bessere Übersicht unbenannt werden; ebenso können die Bauteile eingefärbt werden; hierfür sind die Komponenten *Preview* und *Swatch* notwendig.

3.3 Standort und Potenziale

3.3.1 Wetterdaten

Bevor überhaupt erste Gedanken zum Entwurf entstehen, kann – basierend auf der Tabelle der passiven Strategien in den verschiedenen Klimazonen in Abschn. 2.3.1 Tab. 2.2 eine Klimadaten- und Wetteranalyse Aufschluss über alle für diesen Standort verfügbaren Potenziale geben und einen Überblick über die am Standort möglichen passiven Strategien liefern. Diese können dann anschließend in die Gedanken zum Entwurfskonzept einfließen. Der Temperaturbereich der Außentemperatur gibt Aufschluss darüber, ob der Standort eher heizungsdominiert oder eher kühlungsdominiert ist. Die Tag-Nacht-Schwankungen der Außentemperatur definieren, ob überhaupt passive Strategien zum Temperaturausgleich für Innenräume genutzt werden können.

- Gibt es unterschiedliche Wetterzeiträume über den Jahresverlauf und worin unterscheiden sich diese?
- Welche Eigenschaften muss folglich das Gebäude aufweisen, um mit allen jahreszeitlichen Rahmenbedingungen umgehen zu können?
- Wie hoch ist die Luftfeuchtigkeit und unterliegt sie gegebenenfalls Schwankungen?
- In welchem Bereich befindet sich die Luftfeuchtigkeit in Relation zum menschlichen Komfortbereich — muss die Raumluft entfeuchtet oder eventuell sogar befeuchtet werden?
- Wie stark sind die vorherrschenden Winde und deren Windtemperatur?
- Eignet sich der Wind, um eine leicht belüftete, angenehme Sommersituation herzustellen oder muss der Aufenthaltsbereich im Außenraum vor kalten Winterwinden geschützt werden?
- Wie hoch ist die direkte und die diffuse solare Strahlung – dient sie der Erwärmung der Gebäude oder müssen Innenräume und Außenräume vor der Solarstrahlung geschützt werden?

Diese Parameter nehmen Einfluss auf die Entwurfsgestaltung, indem sie sehr bewusst zur Erhöhung des thermischen Komforts im Innen- und Außenraum eingesetzt werden oder diese Bereiche aktiv vor den Umweltbedingungen baulich geschützt werden.

Wetterdaten-Quellen

Wetterdaten können aus unterschiedlichen Quellen bezogen werden. Hierbei ist das zur Verfügung stehende Dateiformat und die Datenqualität zu beachten. Verlässliche Quellen sind u. a.:

- epw: Ladybugtoolsmap [34]
- TRY: Deutscher Wetterdienst [35]
- TRY3: Meteonorm [36]
- Klimawandelszenarien: Meteonorm [36]

Es gibt mehrere Möglichkeiten, um Wetterdaten einzulesen. Für die Verwendung in *Grasshopper* sind Wetterdaten im epw-Dateiformat erforderlich. Die Website der *Ladybug Tools* bietet weltweite Wetterdaten im epw-Dateiformat zum kostenlosen Download, die aus insgesamt 26 Quellen zusammengestellt sind. In Abb. 3.9 sind die verfügbaren Wetterstationen als Karte sichtbar, die dann entweder direkt via Download auf dem Computer gespeichert werden können oder als Link verwendet. Beide Möglichkeiten werden in Abb. 3.10 gezeigt.

Ortsgenaue Datensätze für Wetterdaten deutscher Städte stellt der Deutsche Wetterdienst (DWD) als Testreferenzjahre (TRY) zur Verfügung. Für die entgeltfreie Nutzung ist eine Registrierung notwendig, anschließend kann ein Klimaberatungsmodul für die korrekte Auswahl der Wetterdaten genutzt werden. Dabei werden Wetterdaten für eine Rastergröße von 1×1 km angeboten (Abb. 3.11) [35].

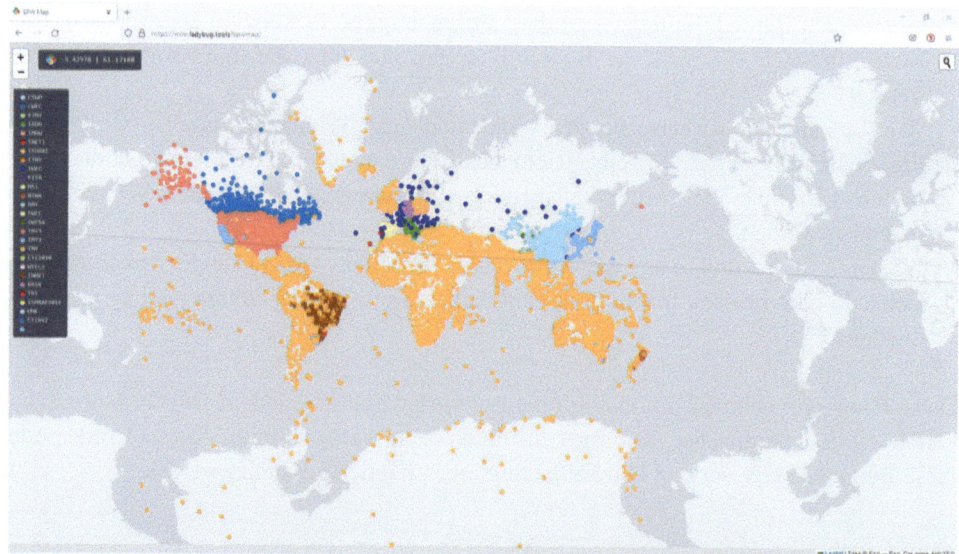

Abb. 3.9 Karte der zur Verfügung stehenden Wetterstationen bei Ladybugtoolsmap

3.3 Standort und Potenziale

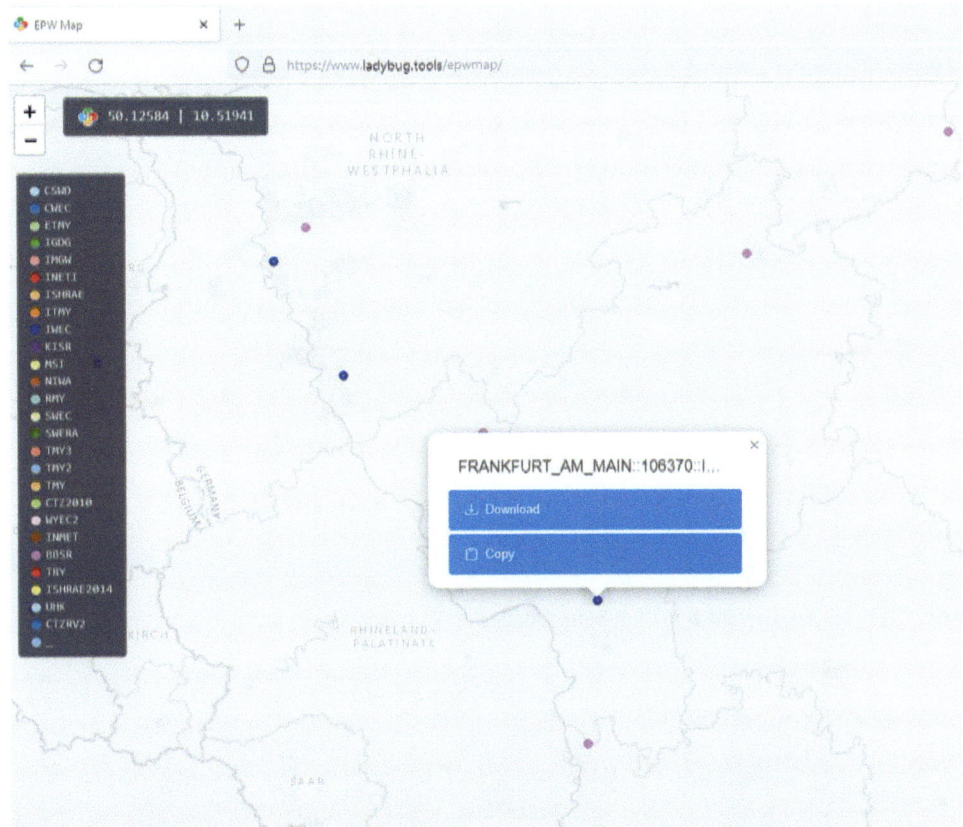

Abb. 3.10 Optionen Download oder Copy (link)

Eine weiterer – lizenzpflichtiger – Anbieter von Wetterdaten ist Meteonorm. Im Gegensatz zu den vorherigen Quellen bietet Meteonorm weitere Messdaten wie Schneehöhen oder Albedo und deutlich detailliertere Strahlungsparameter inkl. Schönwetter-Diffusstrahlung oder Diffusstrahlung inklusive Berücksichtigung eines hohen Horizonts; insgesamt 30 verschiedene meteorologische Parameter für jeden Standort weltweit. Zudem bietet Meteonorm historische Zeitreihen von 2010 bis heute in stündlicher Auflösung und neben den allgemeinen Ausgabeformaten wie TRY oder TRY3 auch Dateiformate für Photovoltaik-Anwendungen und explizit für Gebäudesimulationssoftware, zum Beispiel TRNSYS, DOE, IDA-ICE usw [36].

Einlesen der Wetterdaten
Das Einlesen der Wetterdaten kann in zwei Varianten erfolgen: via Weblink zur Datenquelle oder via Link zu einem lokalen Speicherort wie in Abb. 3.12 dargestellt.

3 EDDA-Workflow: Simulation passiver Strategien

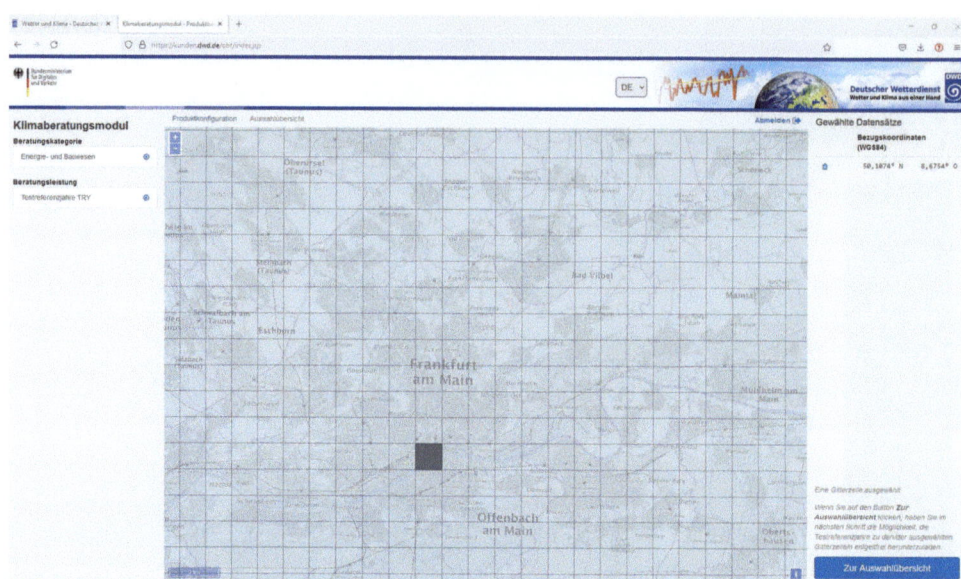

Abb. 3.11 Rasterauswahl 1 × 1 km beim Deutschen Wetterdienst

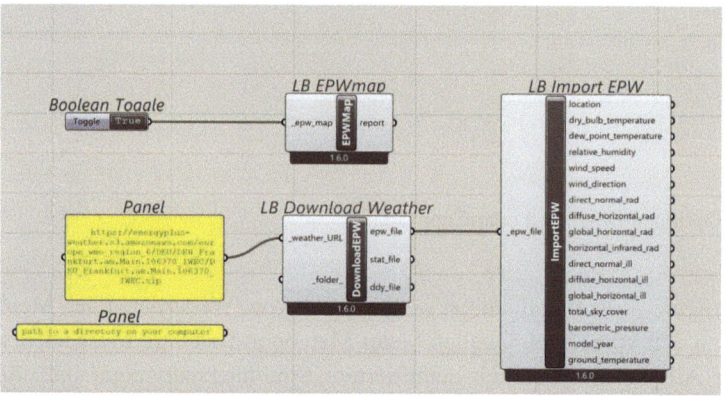

Abb. 3.12 Einlesen der Wetterdaten

Da die über die genannten Quellen bereitgestellten Wetterdaten in den meisten Fällen an Flughäfen oder anderen nicht-urbanen Orten erhoben werden, kann das im direkten Stadtgebiet vorherrschende Mikroklima oft nicht passgenau abgebildet werden. Um lokale Standortparameter zu den gegebenen Wetterdaten hinzuzufügen, kann aus der Palette der *Grasshopper Ladybug Tools* das Tool *Dragonfly*, hier insbesondere die Komponente *Dragonfly Urban weather generator* für Stadtgebiete (Abb. 3.13) und die Komponente *Dragonfly Create EPW* für ländliche Gebiete mit Abweichung der Geländehöhe von der Wetterstation verwendet werden.

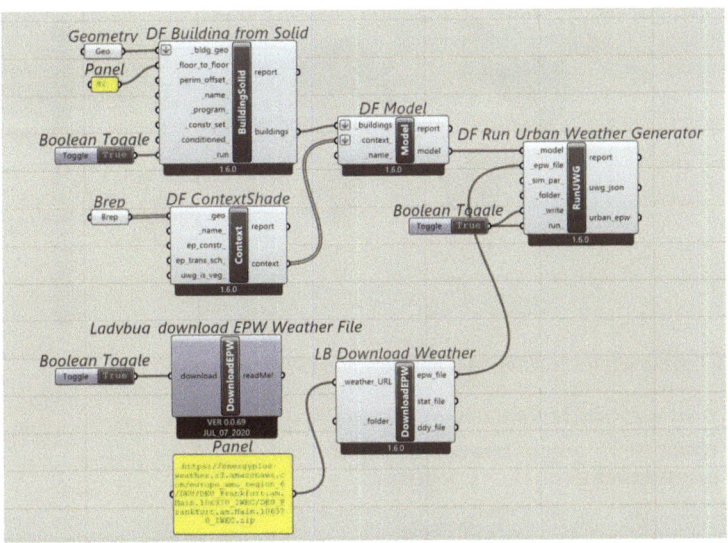

Abb. 3.13 *Grasshopper*-Skript *Dragonfly* Urban Weather

3.3.2 Klimazone

Im Bauwesen gibt es grundsätzlich zwei verschiedene Klassifizierungen für die Klimazonen: Die Köppen-Geiger Klimazonen und die Einteilung der American Society of Heating, Refrigeration and Air Conditioning Engineers (ASHRAE). Die ASHRAE-Einteilung weist acht Klimazonen auf, die sich von 1 – heißes Klima bis 8 – kaltes Klima mit den Unterkategorien feucht (moist – A), trocken (dry – B) und maritimes Klima (marine – C) erstrecken und kombinieren. Abb. 3.14 zeigt die Einteilung der Klimazonen nach ASHRAE.

Die Köppen-Geiger-Klassifizierung in Abb. 3.15 teilt die Erde in fünf verschiedene Klimazonen ein: Tropisches Regenwald- oder Savannenklima ohne Winter (equatorial – A), Trockenklima (arid – B), warm-gemäßigtes Klima (warm-temperatured – C), Boreales oder Schnee-Wald-Klima (snow – D) und Schneeklima (polar – E) mit den jeweiligen Unterkategorien nach Niederschlag: Wüstenklima (desert – W), Steppenklima (steppe – S), feucht (fully humid – f), trockene Sommer (dry summer – s), trockene Winter (dry winter – w) und Monsun (monsoon – m) sowie nach der vorherrschenden Temperatur: heiß-trocken (hot arid – h), kalt-trocken (cold arid – k), heiße Sommer (hot summer – a), warme Sommer (warm summer – b), kühle Sommer (cool summer – c), strenge Winter (extremely continental – d), Klima ewigen Frostes (polar frost – F) oder polare Tundrenklima (polar tundra – T).

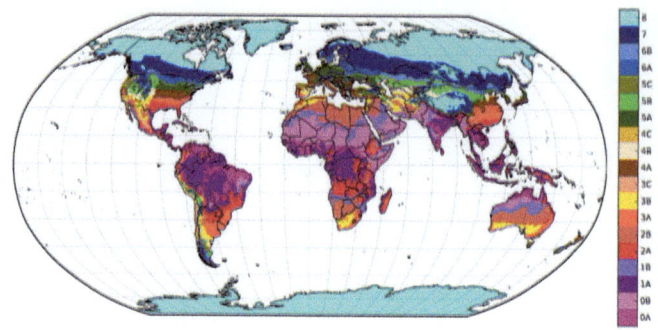

Abb. 3.14 Klimazonen nach ASHRAE mit Legende [37]

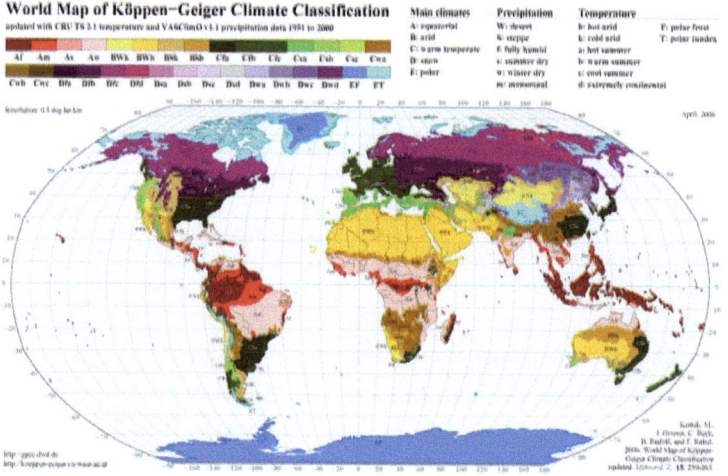

Abb. 3.15 Klimazonen nach Köppen-Geiger [38]

Um die Klimazone des aktuellen Standortes herauszufinden, kann man die Komponente *LB Import STAT* verwenden. Der Input *stat file* wird mit den eingelesenen Wetterdaten aus der Komponente *LB Download Weather* bereitgestellt. Die Komponente *LB Import STAT* bietet in der Liste der Outputs mehrere Informationen, die jeweils mit einem *Panel* ausgelesen werden können: *location*: die genaue Ortsangabe mit Breiten- und Längengrad, Zeitzone und Höhenangaben; *ASHRAE zone*: Klimazone nach ASHRAE, hier 5c; *location*: Klimazone nach Köppen-Geiger, hier Cfb.

Die Klimazone wird unter anderem für die Filterfunktion der Konstruktionsdatenbank benötigt. Es ist zu beachten, dass die Klimazone nach ASHRAE angegeben wird, in Abb. 3.16 bedeutet Klimazone 1A folglich sehr heißes und feuchtes Klima.

3.3 Standort und Potenziale

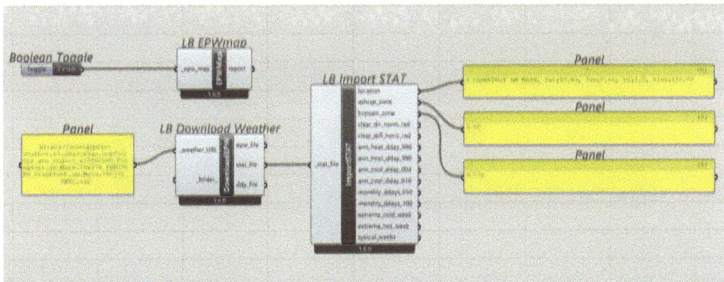

Abb. 3.16 Klimazone identifizieren

3.3.3 Thermischer Komfort

Der erste Schritt nach dem Einlesen der Wetterdaten ist oft die Bestimmung des thermischen Komforts am Standort. Liegt das vorherrschende Klima ober- oder unterhalb des Komfortbereichs der Nutzer des Gebäudes? Muss folglich das Gebäude über den Jahresverlauf überwiegend geheizt oder gekühlt werden? Ist die Luftfeuchtigkeit angenehm oder sind Maßnahmen wie Entfeuchtung, Befeuchtung der Raumluft notwendig? Diese grundsätzlichen Überlegungen bestimmen die Gebäudekubatur – offen oder kompakt, die Orientierung des Grundrisses – zur Sonne oder abgewandt, den gewünschten Luftaustausch –natürliche Lüftung oder mechanische Lüftung.

Um den thermischen Komfort im vorherrschenden Klima zu bestimmen, gibt es mehrere Optionen. Zunächst kann der adaptive Komfort und der statische Komfort im Außenraum mit den die Komponenten *LB Adaptive Comfort* und *LB PMV Comfort* verwendet werden. Aus der Wetterdatei werden hierfür *dry bulb temperature*, *wind speed* und *relative humidity* als erforderliche Inputs aus der Komponente *Import EPW* eingelesen. Der resultierende thermische Komfort im Außenraum wird in einem Diagramm *LB Hourly Plot* mit den Datenfeldern 0 (nicht komfortabel) und + 1 (komfortabel) über den Jahresverlauf dargestellt. Mehr Informationen zu den beiden Komfortmodellen gibt es in Abschn. 2.3.1. Hierbei ist zu erkennen, dass es im für die Abb. 3.17 gewählten Beispiel Frankfurt am Main bis Mitte Juni überwiegend unbehaglich ist, von Mitte Juni bis Mitte September überwiegend komfortabel ist und es im September und Oktober zusätzlich noch diverse thermisch angenehme Tage gibt. Es lässt sich in Kombination mit der geografischen Lage schlussfolgern, dass es an den unkomfortablen Tagen zu kalt und an den komfortablen Tagen angenehm warm ist. Vereinzelt treten solche warmen Tage, vor allem am Nachmittag, auch bereits im April, im Mai sogar noch im Oktober auf. Die aus der Analyse des thermischen Komforts gewonnenen Erkenntnisse werden bei den Überlegungen zum Entwurf berücksichtigt. Man könnte zum Beispiel die warmen Tage im Frühjahr und im Herbst durch Verglasungen mit dahinter oder davor gelegenen Sitzplätzen in der Sonne im oder am Haus genießen; idealerweise noch mit einer von der Sonne erwärmten Wand im Rücken. Gleichzeitig sehen wir einzelne Wochen mit thermisch

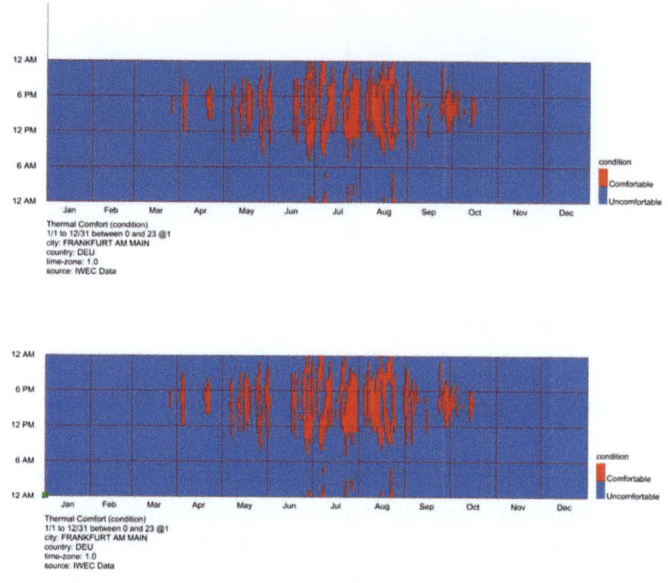

Abb. 3.17 Visualisierung des Komforts im Außenraum

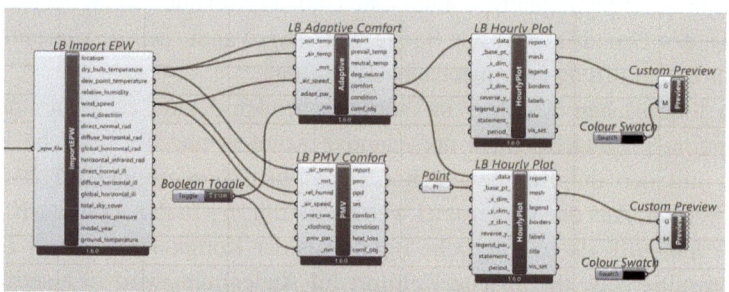

Abb. 3.18 *Grasshopper*-Skript zum Komfort im Außenraum

unbehaglichen Nachmittagen im Juli und August, die die Annahme nahelegen, dass es zu heiß wird. Hier wäre eine ausreichende Verschattung und Überlegungen des sommerlichen Wärmeschutzes nur für diese Stunden erforderlich. Das dazugehörige *Grasshopper*-Skript ist in Abb. 3.18 dargestellt.

Psychrometric Chart oder Mollier h,x-Diagramm

Das Psychrometric Chart ist eine graphische Darstellung von den thermisch-dynamischen Prozessen der Luft und kann ebenfalls zur Visualisierung des thermischen Komforts verwendet werden. Psychrometrische Prozesse beinhalten physische und thermodynamische Abhängigkeiten wie der Außenlufttemperatur (dry bulb temperature), der relativen und

3.3 Standort und Potenziale

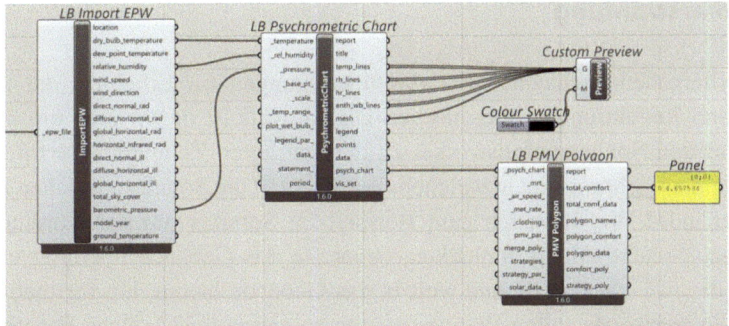

Abb. 3.19 *Grasshopper*-Skript zum Psychrometric Chart

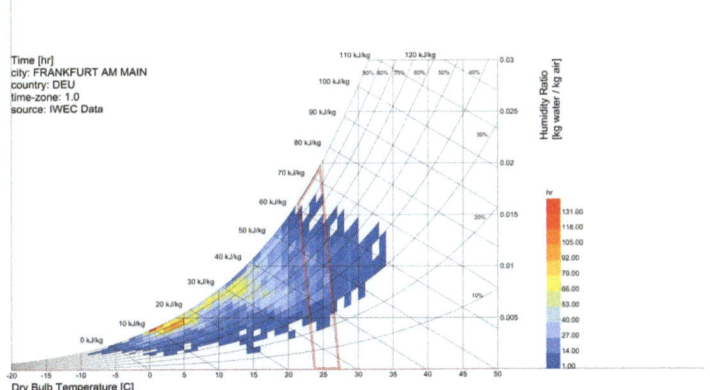

Abb. 3.20 Visualisierung des Psychrometric Chart

absoluten Luftfeuchtigkeit (relative and absolute humidity), der Enthalpie (enthalpy) und der Luftdichte (air density). Zudem kann man die erforderliche Energiezufuhr/ -abfuhr für angestrebte Zustandsänderungen (erwärmen, abkühlen, befeuchten, entfeuchten) ablesen. Die europäische Version des Psychromatric Chart ist das Mollier h-x-Diagramm.

Für die Psychromatric Chart wird im *Grasshopper*-Skript in Abb. 3.19 die Komponente *LB PsychrometricChart* benötigt. Die notwendigen Inputs *temperature*, *rel humidity* können aus der Wetterdaten-Komponente *LB ImportEPW* entnommen werden, zusätzlich kann hier der Luftdruck *pressure* eingelesen werden. Das Diagramm wird auf der *Rhinoceros 3D*-Oberfläche angezeigt und am Nullpunkt verortet, wenn kein alternativer Basispunkt definiert wird. In der Abb. 3.20 sind zusätzlich noch die Basislinien des Diagramms mit einem *Colour Swatch* und einer *Custom Preview* schwarz eingefärbt für eine bessere Lesbarkeit. Um die Klimadaten in Bezug zum thermischen Komfort des Menschen beurteilen zu können, kann das Komfort-Polygon über die Komponente *LB PMV Polygon* angezeigt werden. Der Output *total comfort* liefert mittels eines *Panel* den Prozentsatz im Jahr, den es im Außenraum thermisch komfortabel ist, hier 4,65 %.

3.3.4 Solarstrahlung

Für die vorhergehend genannten Entwurfsüberlegungen zur Erhöhung des thermischen Komforts und Reduktion des thermischen Diskomforts ist das Wissen um den genauen Sonnenstand und Sonneneinfallswinkel zu den gefragten Zeitpunkten erforderlich. Aus welcher Himmelsrichtung und in welchem Winkel trifft die Sonne zu welchen Zeitpunkten auf das Gebäude? Wie kann ich zum Beispiel im Sommer auf der Nordhalbkugel die hochstehende Solarstrahlung abblocken, bevor sie das Gebäude überhitzt und dagegen im Winter die tief stehende Sonne weit in das Gebäude lassen, um für mehr Tageslicht aber auch für maximale solare Wärmegewinne zu entwerfen? Welche Fensteranordnung erlaubt es, im Herbst und Winter noch die tief stehende Westsonne für die letzten Tageslichtstunden einzufangen? Kann in besonders schmalen und tiefen Grundstücken die Solarstrahlung vielleicht über Reflexion ins Gebäudeinnere gelenkt werden? Wie können Schüler am Morgen von der Solarstrahlung erwärmte Klassenräume betreten, die sich am Nachmittag nicht überhitzen? Für diese Fragen ist es essentiell, sowohl die Intensität der Solarstrahlung über den Tagesverlauf aber auch über das gesamte Jahr zu kennen und ebenfalls mögliche Einflussfaktoren wie Nachbarbebauung, Bepflanzung, Wasserflächen als reflektiere Oberflächen zu beachten.

Laufbahn der Sonne

Für die Analyse und Visualisierung des Sonnenstands kann im *Grasshopper*-Skript in Abb. 3.21 die Komponente *Ladybug sunPath* verwendet werden. Es werden als Grundlage die Wetterdaten als epw-Datei benötigt, die mit der Komponente *importEPW* ausgelesen werden. Nun erscheint der Sonnenverlauf auf der *Rhinoceros 3D*-Oberfläche. Zur besseren Veranschaulichung ist in Abb. 3.22 ein städtebauliches Quartier im Zentrum des Sonnenverlaufs dargestellt.

Horizontale Globalstrahlung

Um einen Eindruck von der Intensität der solaren horizontalen Globalstrahlung über den Jahresverlauf zu bekommen, kann die Solarstrahlung am besten in einem 3D-Diagramm

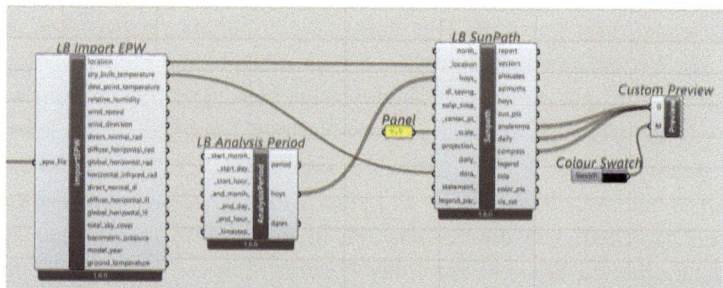

Abb. 3.21 *Grasshopper*-Skript zum Sonnenverlauf

3.3 Standort und Potenziale

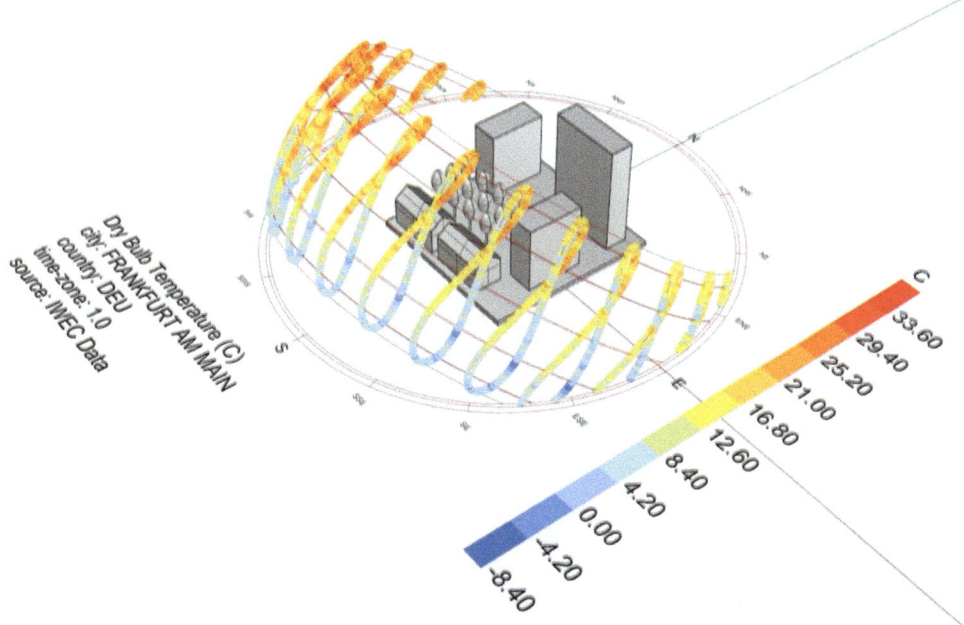

Abb. 3.22 Sonnenverlauf in der 3D-Darstellung, perspektivisch

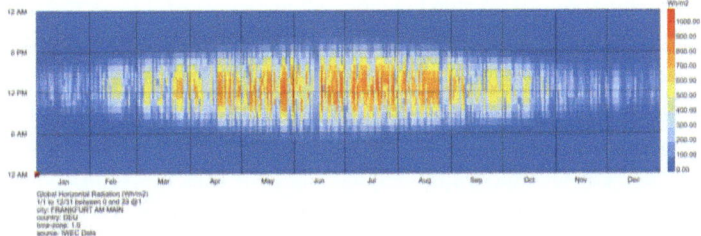

Abb. 3.23 Visualisierung der Globalen Solarstrahlung im 3D-Diagramm (Draufsicht)

dargestellt werden, wie in Abb. 3.23 zu sehen. Hierfür wird der Output *globalHorizontalRadiation* aus der *import EPW*-Komponente mit der Komponente *Ladybug 3D Chart* im Input *inputData* verbunden (Abb. 3.24).

Intensität der Sonneneinstrahlung

Eine sogenannte *Radiation Analysis* zeigt die graphische Darstellung der Sonneneinstrahlung sowie der Darstellung ihrer Intensität auf dem geplanten Gebäude oder einer definierten Fläche. Für die Analyse der Sonneneinstrahlung (*Radiation Analysis*) benötigt man zunächst die bereits eingelesenen Wetterdaten als epw-Datei, die Komponente *GenCumulativeSkyMtx* und die Komponente *SelectSkyMtx*. Mit letzterer kann man wählen, ob nur direkte Sonnenstrahlung (*removeDiffuse*) oder nur bedeckter Himmel mit indirekter Sonnenstrahlung (*removeDirect*) oder beides bei der Analyse berücksichtigt

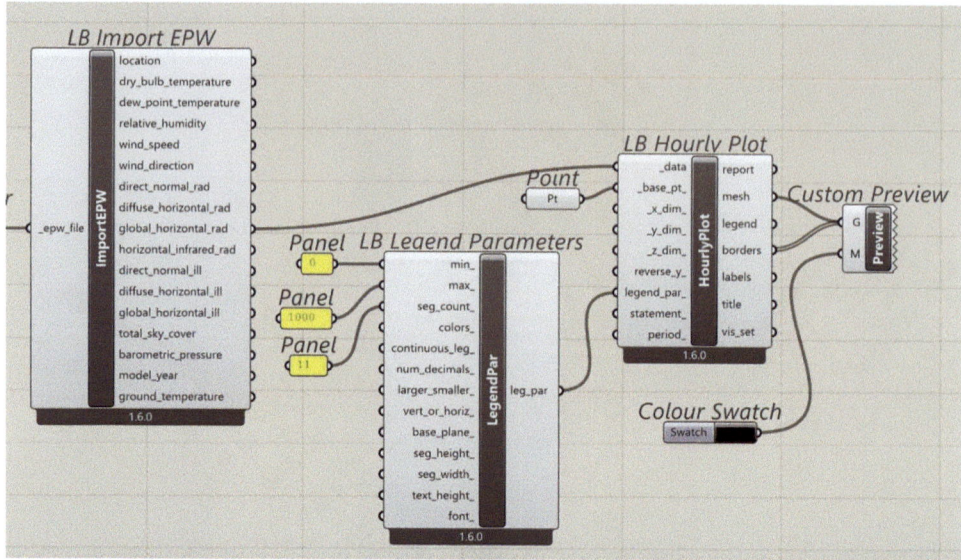

Abb. 3.24 *Grasshopper*-Skript zur Globalen Solarstrahlung mit Darstellung im 3D-Diagramm

werden soll. Außerdem kann man einen bestimmten Zeitraum für die Sonnenstandanalyse bei Bedarf festlegen (*analysisPeriod*). Dabei kann der Zeitraum der Analyse nur eine Stunde betragen, mehrere Tage, Monate bis zu einem Jahr. Der Jahreszeitraum mit 8760 Stunden dient als Grundeinstellung, wenn keine *Analysis Period* definiert wird. Zusätzlich zu den Wetterdaten und Bewölkungsbedingungen wird als obligatorischer Input für die Komponente *Radiation Analysis* eine Geometrie als Brep verlangt, siehe Abb. 3.25; dies kann entweder ein Gebäude, ein Gebäudeelement (Dach, Wand) oder auch eine in *Rhinoceros 3D* durch ein Polygon definierte Frei- oder Grundfläche sein. Auf dieser via *Brep* definierten Geometrie wird später das Ergebnis der Sonneneinstrahlung grafisch angezeigt, wie in Abb. 3.26 zu sehen. Sollen in der Sonneneinstrahlungsanalyse zum Beispiel Nachbargebäude oder Bäume als verschattende Elemente berücksichtigt werden, können diese *Rhinoceros 3D*-Objekte mittels *Brep* als *context* definiert werden. Für den Fall, dass ein bestimmter Zeitraum analysiert benötigt wird, kann in der Komponente *Analysis Period* mit den Inputs *fromMonth*, *fromDay* und *fromHour* der Beginn des Betrachtungszeitraums festgelegt werden und entsprechend mit den Inputs *toMonth*, *toDay* und *toHour* das Ende. In Abb. 3.62 ist lediglich beim Input *fromMonth* mittels *NumberSlider* die Zahl Fünf und beim Input *toMonth* die Zahl Sieben. Das bedeutet, dass für die Analyse die Wetterdaten der Monate Mai, Juni und Juli herangezogen werden; konkret vom 01.05. bis 31.07., da keine weiteren Angaben erfolgen. Ebenso könnte man lediglich den 16. Mai von 12:00 Uhr bis 20 Uhr betrachten und müsste dafür als Inputs *fromMonth*: 5, *fromDay*: 16, *fromHour*: 12 und *toMonth*: 5, *toDay*: 16, *toHour*: 20 eingeben.

3.3 Standort und Potenziale

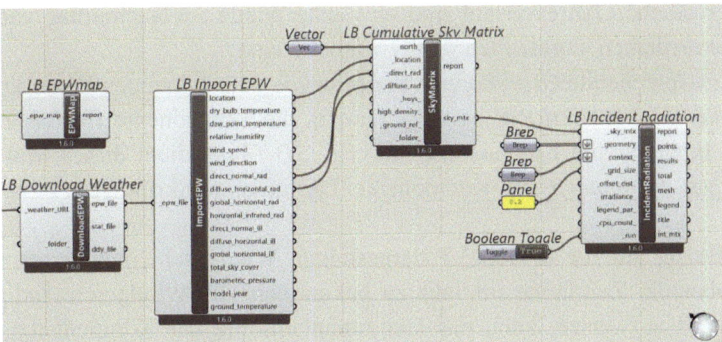

Abb. 3.25 *Grasshopper*-Skript zur solaren Einstrahlung

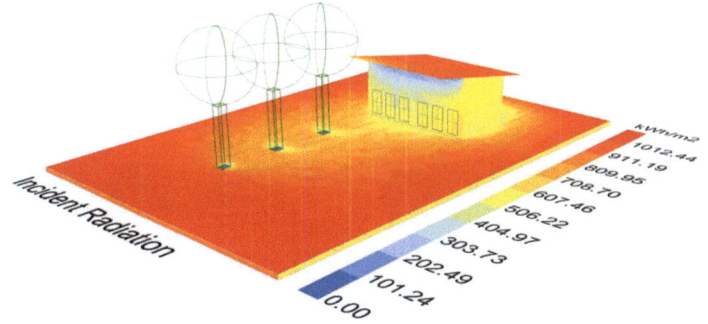

Abb. 3.26 Visualisierung der solaren Einstrahlung auf den Oberflächen des *Rhinoceros 3D*-Modells

3.3.5 Wind

Ebenso wie die Solarstrahlung kann die Windgeschwindigkeit die thermische Behaglichkeit beeinflussen. Während im Sommer eine leichte kühle Brise als sehr angenehm empfunden wird, um heiße Tage erträglicher zu machen, führen starke kalte Winde in der kühleren Jahreszeit zu extremem Diskomfort, sodass Plätze oder Straßen, in denen solche Windbedingungen auftreten, von Menschen gemieden werden. Daher ist es sehr nützlich, die vorherrschenden Windgeschwindigkeiten, aber auch die jeweiligen Hauptwindrichtungen, gegebenenfalls sogar in monatlichen Intervallen zu analysieren, um entsprechend mit dem Wind arbeiten zu können. Einen Überblick über die über die Jahresverlauf auftretenden Winde bekommt man durch die Analyse der Windgeschwindigkeiten aus den mit der Komponente *importEPW* mittels *Ladybug 3D Diagramm* ausgelesenen Jahresdaten, wie in Abb. 3.27 dargestellt. Hierbei ist gut zu erkennen, dass vor allem im Januar und Februar, sowie im November kurze Perioden mit stärkeren Winden auftreten, teilweise in Stärken von 14 bis punktuell 18 m/s. Im März gibt es eine weitere windintensive Phase, die allerdings mit geringeren Windgeschwindigkeiten auftritt. Im restlichen Jahresverlauf sind schwache Winde am Nachmittag vorherrschend, während die restlichen Tageszeiten relativ windstill sind.

Für das entsprechende *Grasshopper*-Skript werden die bekannten Wetterkomponenten *Open weather file*, *importEPW* benötigt, zudem die Komponente für das *Ladybug 3D Chart*. Als Input für die Komponente *Ladybug 3D Chart* dient dieses Mal der Output *windSpeed* aus der *importEPW*-Komponente. Das gesamte Skript ist in Abb. 3.28 dargestellt.

Um in Bezug auf die in Tab. 3.1 dargestellten Windgeschwindigkeiten mehr Informationen über die Zeiträume im Jahr zu bekommen, die Windgeschwindigkeiten von mehr als 5 m/s aufweisen, kann das Diagramm mithilfe der Komponente *Conditional Statement* gefiltert werden. Im Beispiel in Abb. 3.29 werden nur Windgeschwindigkeiten über 5 m/s angezeigt. So kann zum einen die Dauer der auftretenden Winde und zum anderen die Häufigkeit beurteilt werden. Hieraus lassen sich gegebenenfalls Maßnahmen zum Blocken der Winde (im Winter) oder zum Lenken der Winde (im Sommer) ableiten. Das dazugehörige Skript ist in Abb. 3.30 zu sehen.

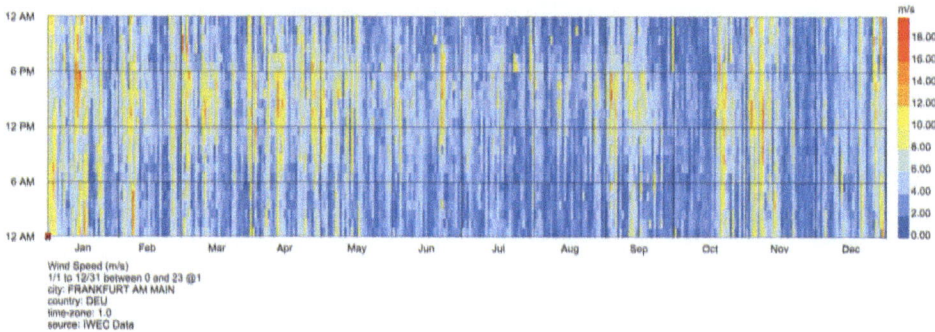

Abb. 3.27 Visualisierung der Windgeschwindigkeiten im Jahresverlauf im *Ladybug*-Diagramm

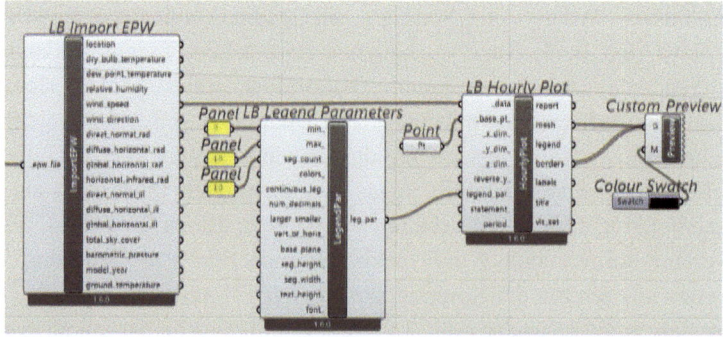

Abb. 3.28 *Grasshopper*-Skript zur Analyse der Windgeschwindigkeiten im Jahresverlauf

3.3 Standort und Potenziale

Tab. 3.1 Tabelle der Windgeschwindigkeiten in m/s und dem entsprechenden Komfortbereich nach der niederländischen Norm NEN 8100

Komfortkategorie	Mittlere Windgeschwindigkeit (m/s)	Auftretenswahrscheinlichkeit (%)	Aktivität
A	5	< 2,5	Langer Sitzaufenthalt
B	5	< 5,0	Kurzer Sitzaufenthalt
C	5	< 10	Gemächliches Gehen
D	5	< 20	Schnelles Gehen
E	5	> 20	Unkomfortabel
Sicherheitskategorie	Mittlere Windgeschwindigkeit (m/s)	Auftretenswahrscheinlichkeit (%)	Gefahr
A	15	< 0,05	Kein Risiko
B	15	< 0,30	Begrenztes Risiko
C	15	> 0,30	Gefährlich

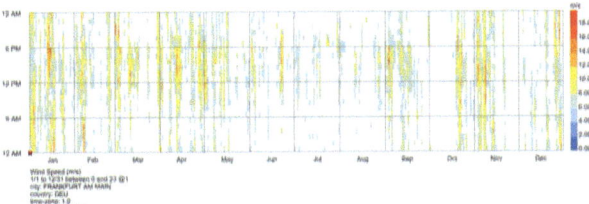

Abb. 3.29 Visualisierung der Windgeschwindigkeiten ab 5 m/s im Jahresverlauf im *Ladybug*-Diagramm

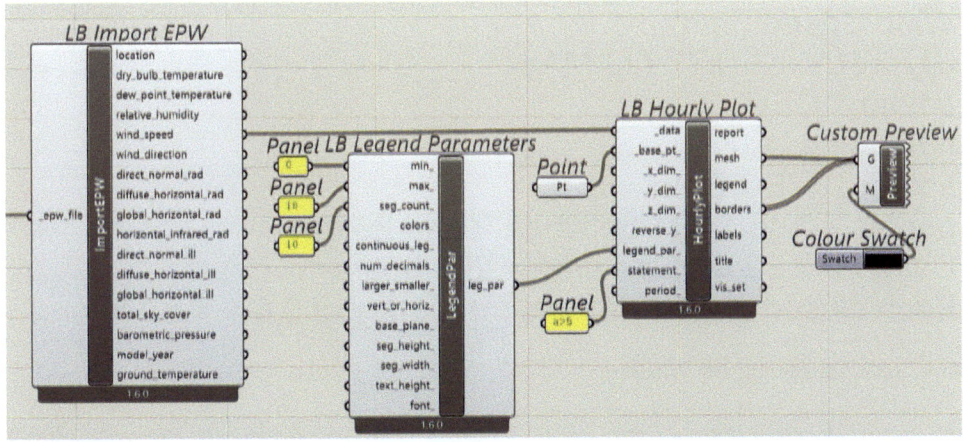

Abb. 3.30 *Grasshopper*-Skript zu den Windgeschwindigkeiten ab 5 m/s im Jahresverlauf

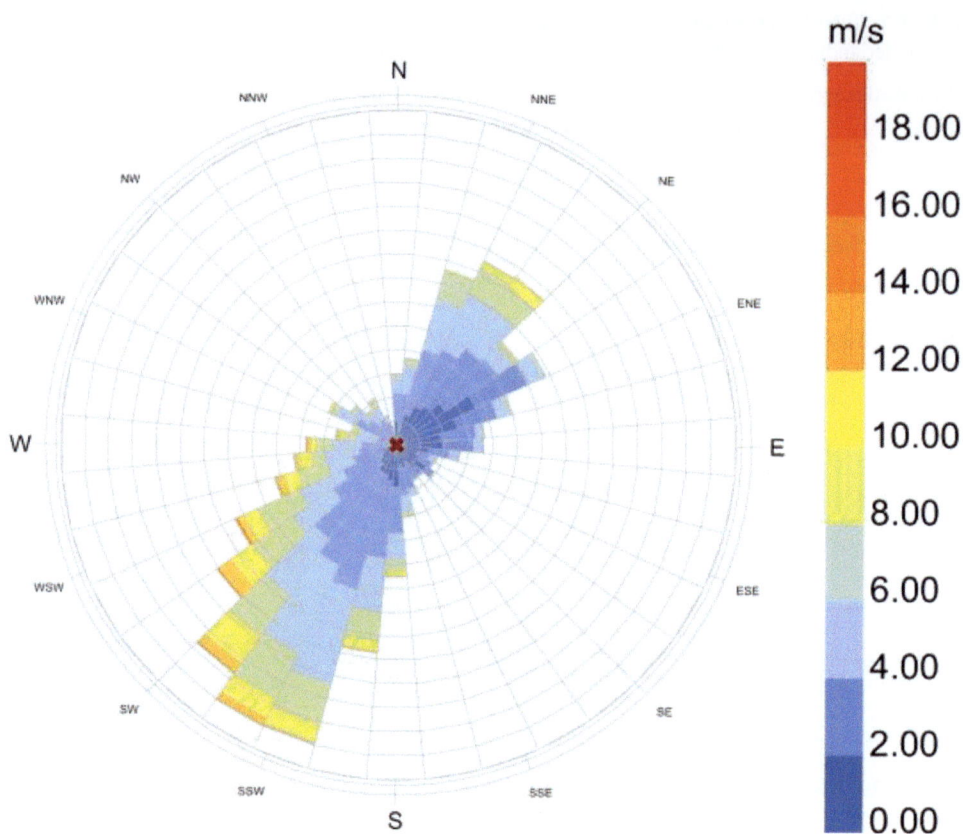

Wind Speed (m/s)
city: FRANKFURT AM MAIN
country: DEU
time-zone: 1.0
source: IWEC Data
period: 1/1 to 12/31 between 0 and 23 @1
Calm for 2.32% of the time = 203 hours.
Each closed polyline shows frequency of 0.6% = 50 hours.

Abb. 3.31 Darstellung der Windrose

Nachdem die Windgeschwindigkeiten über den Jahresverlauf bekannt sind, können anschließend die Windrichtungen mit einer Darstellung als Windrose analysiert werden, die in Abb. 3.31 sowohl die Windrichtung als auch die Windgeschwindigkeit in Kombination anzeigt. In dieser Darstellung wird deutlich, dass die hohen Windgeschwindigkeiten

3.3 Standort und Potenziale

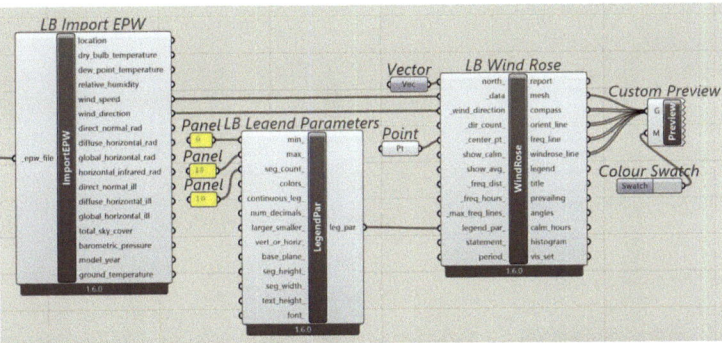

Abb. 3.32 *Grasshopper*-Skript zur Windrose

vor allem aus Westnordwest bzw. von Westen bis Norden auftreten, zusätzlich noch für eine kürzere Periode aus der entgegengesetzten Richtung Südsüdost. Weiterhin kann man der Windrose entnehmen, dass aus nordöstlicher Richtung zu keiner Zeit starke Winde auftreten und ebenso aus südwestlicher Richtung nur schwache bis milde Winde.

Um die in Abb. 3.32 im Jahresverlauf identifizierten Zeiten mit zum Beispiel starken Winden detaillierter zu analysieren, kann hier ebenso wie in Abb. 3.62 bei der Solarstrahlung erläutert, die Komponente *AnalysisPeriod* an die Komponente *windRose* angefügt werden.

3.3.6 Temperatur

Die Außenlufttemperatur lässt über den Bezug zum menschlichen Komfortbereich vor allem Schlussfolgerungen über die erforderliche Art der Gebäudekonditionierung zu: Liegen die Außenlufttemperaturen größtenteils unter dem Komfortbereich von 18 bis 22 Grad Celsius, müssen Gebäude erwärmt werden; liegen sie hauptsächlich über dem Komfortbereich, ist eine Kühlung der Gebäude erforderlich. Man spricht entsprechend von einem heizungsdominierten oder kühlungsdominierten Klima. Ebenso können jahreszeitliche Veränderungen der Außenlufttemperatur in einem Diagramm über alle 12 Monate abgelesen werden: Wechselt die Temperatur in Bezug auf den menschlichen Komfortbereich über die Monate oder über den Tagesverlauf? Gibt es am Standort sowohl heizungsbasierte als auch kühlungsorientierte Zeiten? Wie stark weicht die Außenlufttemperatur vom Komfortbereich ab – sind folglich aktive Systeme zur Gebäudekonditionierung erforderlich oder könnten bei geringen Abweichungen auch passive Strategien zur Anwendung kommen?

Für die Analyse und Darstellung der Lufttemperatur im Jahresverlauf kann analog zur Windanalyse vorgegangen werden, im Detail in Abb. 3.33 zu sehen. Es werden jeweils die Komponenten *openEPW*, *importEPW* zur Bereitstellung der Wetterdaten benötigt sowie

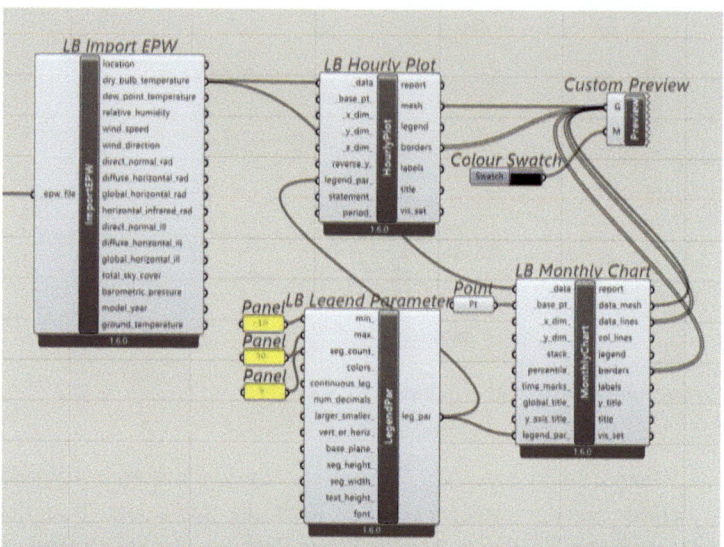

Abb. 3.33 *Grasshopper*-Skript zur Visualisierung der Außentemperatur

die Komponente *Ladybug 3D Chart* für die Visualisierung. Als Input für die Komponente *3D Chart* dient dieses Mal der Output *dryBulbTemperature* der Komponente *importEPW*.

In Abb. 3.34 kann für den Standort Frankfurt am Main (Deutschland) abgelesen werden, dass der größte Teil des Jahres unter dem Komfortbereich von 18 Grad Celsius liegt und es sich damit um ein heizungsbasiertes Klima handelt. Lediglich in den Monaten Mai bis September können Temperaturen über 20°C verzeichnet werden, sodass dieser Zeitraum als überwiegend komfortabel ohne eine erforderliche Raumkonditionierung erscheint mit Temperaturspitzen von bis zu 30°C, die wiederum bereits über dem vom Menschen als angenehm empfundenen Bereich liegen. Hierfür sollte gegebenenfalls eine Notwendigkeit der Kühlung geprüft werden. Ebenso kann aus dem Diagramm abgelesen werden, dass die behaglichen Bereiche sich überwiegend zwischen 12 und 18 Uhr am Nachmittag befinden.

Eine andere Möglichkeit, die Außenlufttemperaturen im monatlichen Verlauf darzustellen, ist ein Säulendiagramm; hier für das Beispiel Frankfurt am Main (Deutschland) als *Grasshopper*-Skript in Abb. 3.35 und als Diagramm in Abb. 3.36 zu sehen.

3.3 Standort und Potenziale

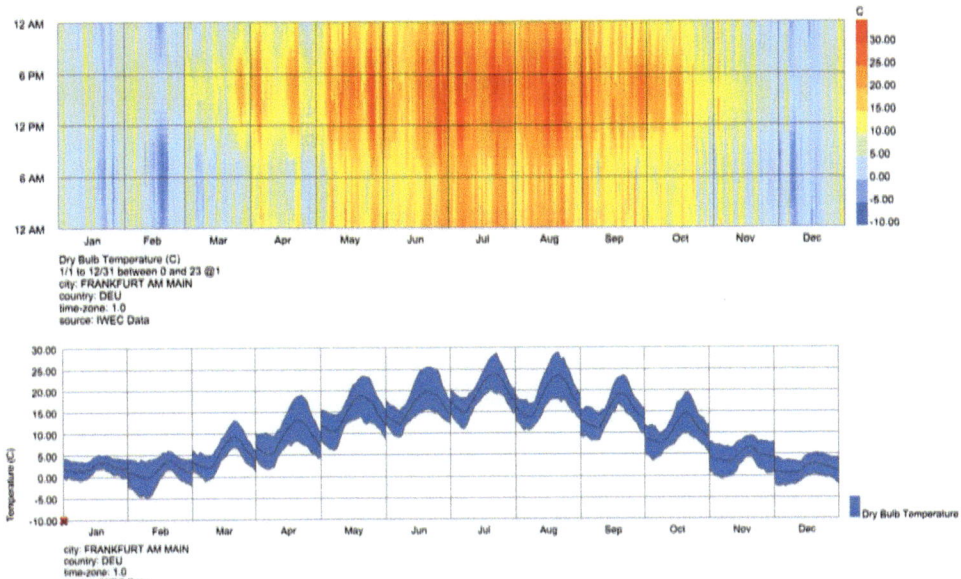

Abb. 3.34 Darstellung der Außenlufttemperaturen über den Jahresverlauf als 3D-Diagramm und als monatliches Diagramm

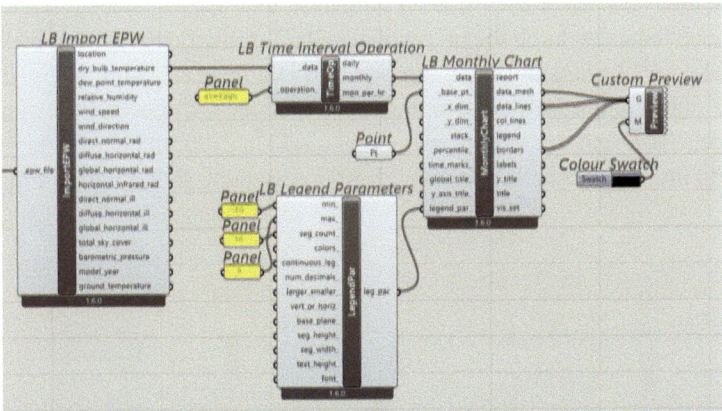

Abb. 3.35 *Grasshopper*-Skript für die Darstellung der Außenlufttemperaturen im Säulendiagramm

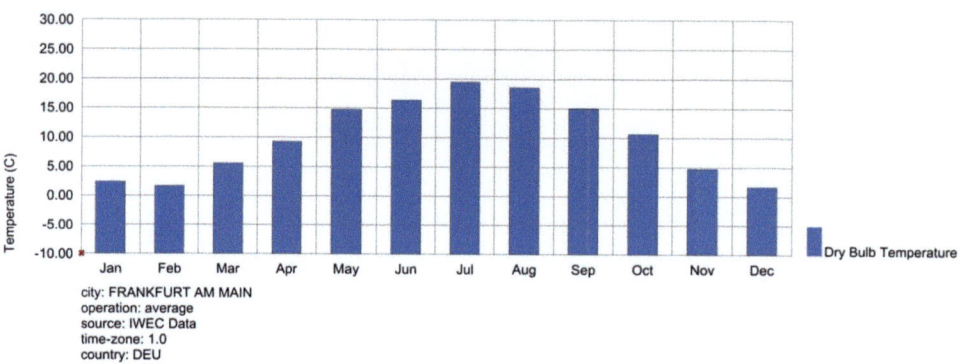

Abb. 3.36 Visualisierung der monatlichen Außenlufttemperaturen im Säulendiagramm

3.3.7 Luftfeuchtigkeit

Eine relative Luftfeuchtigkeit zwischen 40 und 60 % gilt als idealer Zustand für einen hohen thermischen Komfort in Gebäuden; da in diesem Bereich keine gesundheitlichen Risiken zu erwarten sind. Der menschliche Körper ist in der Lage, deutlich niedrigere und höhere Luftfeuchtigkeiten zu tolerieren, wobei eine trockene heiße Luft, zum Beispiel im Wüstenklima im direkten Vergleich angenehmer empfunden wird als eine feuchte heiße Luft, wie sie im tropischen Regenwald zu finden ist. Dies ist vor allem durch die Fähigkeit der Feuchtigkeitsabgabe durch die menschliche Haut (schwitzen) und den dadurch entstehenden Effekt der Verdunstungskühlung bedingt. Die relative Luftfeuchtigkeit hat einen Einfluss auf die gefühlte Lufttemperatur: mit steigender Luftfeuchtigkeit steigt auch die gefühlte Temperatur und umgekehrt, was einen direkten Zusammenhang zur notwendigen Raumkonditionierung herstellt. Der Komfortbereich lässt sich folglich erhöhen, wenn

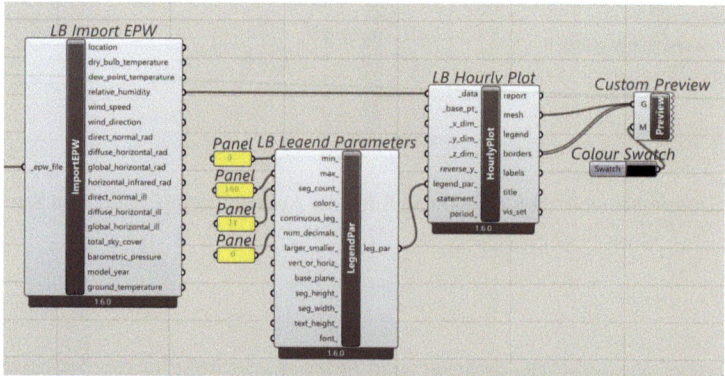

Abb. 3.37 *Grasshopper*-Skript für die Luftfeuchtigkeit

3.4 Passive Gebäudestrategien

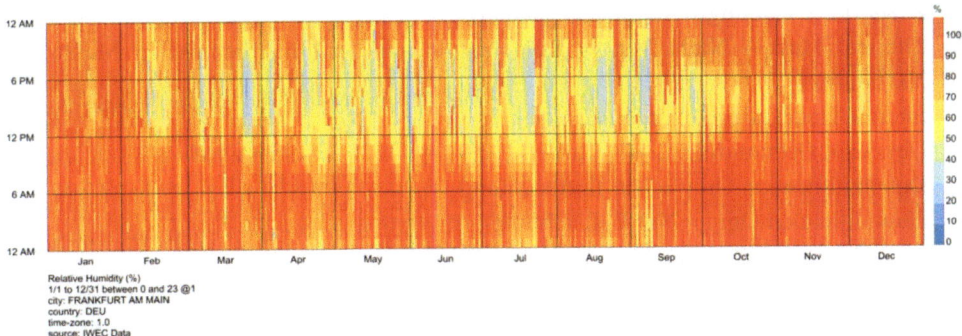

Abb. 3.38 Visualisierung der Luftfeuchtigkeit im Diagramm

wärmere Temperaturen mit trockener Luft und kühlere Temperaturen mit feuchter Luft kombiniert werden können [39].

Die Darstellung der Luftfeuchtigkeit kann analog zum Skript der Außenlufttemperatur erstellt werden: Das Skript ist in Abb. 3.37 dargestellt, das Ergebnis als 3D-Diagramm in Abb. 3.38.

3.4 Passive Gebäudestrategien

3.4.1 Psychrometric Chart: Überprüfen der Wirkung der passiven Strategien

In Abschn. 2.3.1 wurden die für die diversen Klimazonen möglichen passiven Strategien vorgestellt. Ein erstes Überprüfen der möglichen Strategien für den Entwurfsstandort kann mithilfe des *Psychrometric Chart* erfolgen. Aus den Ergebnissen lassen sich erste Wirkungsweisen der Strategien ableiten, um auf deren Basis ein entwurfsspezifisches Strategienset zusammenzustellen. Mit dem bereits im Abschn. 3.3.3 zu den Wetterdaten erwähnten Psychromatric Chart oder auch Mollier, h-x-Diagramm kann man zusätzlich zum Komfortbereich des vorherrschenden Klimas visualisieren, in welchem Maße einige grundlegende passive Strategien den thermischen Komfortbereich des Menschen erweitern können. So kann – basierend auf der Tabelle in Abschn. 2.3.2 – vorab überprüft werden, ob zum Beispiel eine hohe thermische Speichermasse in Kombination mit Nachtlüftung den Komfortbereich vergrößert oder ob eine Entfeuchtung der Luft zu deutlich mehr Tagen im Jahr führt, an denen die resultierenden Luftparameter im angenehmen Komfortbereich des Nutzers liegen. Die angewandten Strategien erweitern den Komfortbereich und werden im Diagramm durch eigene Komfort-Polygone ausgewiesen. In der Komponente *StrategyList*-Komponente sind die möglichen passiven Strategien gelistet:

- Evaporative Cooling = Verdunstungskühlung
- Thermal Mass + Night Vent = Kombination aus Nutzung thermischer Masse und Nachtlüftung
- Internal Heat Gain = Interne Wärmegewinne
- Dessicant Dehumidification = Luftentfeuchtung durch Trockenmittel
- Dehumidification Only = Nur Entfeuchtung
- Humidification Only = Nur Befeuchtung

Weitere Informationen zu den rechnerischen Grundlagen der passiven Strategien in den *Ladybug Tools* bietet die github-Dokumentation [40]. Per Klick können im *Grasshopper*-Skript (Abb. 3.39) die einzelnen passiven Strategien ausgewählt werden, um in der Simulation berücksichtigt zu werden. Jede passive Strategie bekommt als Output ein eigenes Polygon im Mollier-Diagramm. Diesem kann über den Output *strategyPolygons* mit Hilfe eines *Custom Preview* für eine bessere Lesbarkeit eine eigene Farbe gegeben werden. In Abb. 3.40 wird ein thermischer Komfort im Außenraum von 38 % ausgewiesen. Im Vergleich dazu wurde ohne Anwendung passiver Strategien in Frankfurt in Abb. 3.19 ein Außenraumkomfort von 4 % ermittelt. Diese erste Analyse verdeutlicht den möglichen Entwurfsspielraum in Bezug auf den Innenraumkomfort unter Einsatz der hier ermittelten passiven Strategien: Hohe thermische Masse mit Nachtlüftung, nutzergesteuerter Einsatz von Ventilatoren und die Speicherung interner Wärmegewinne können bereits zu fast 40 % für ein angenehmes Klima sorgen.

Thermische Behaglichkeit als Entwurfsparameter – Studienprojekt Paula Warnken, Jade Hochschule Wilhelmshaven Oldenburg Elsfleth
Der Entwurf eines Community Centers in Kwanokuthula, Südafrika als Studienprojekt von Paula Warnken an der Jade Hochschule hat den architektonischen Entscheidungen das Komfortmodell des Predicted Mean Vote als Parameter zugrunde gelegt. Der Entwurf ist mit der Grundkubatur ohne weitere Einflussparameter gestartet; nach und nach wurden in einzelnen Schritten weitere Parameter hinzugefügt. Ziel war eine stetige Steigerung

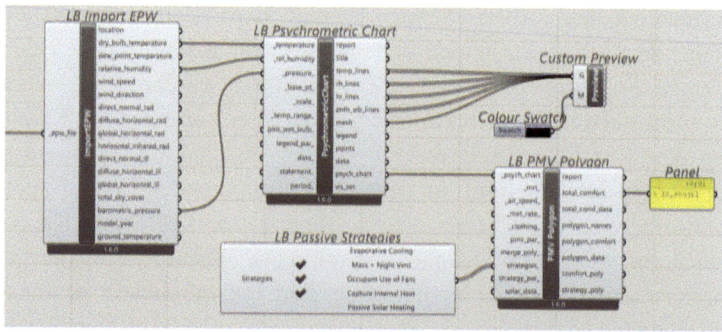

Abb. 3.39 *Grasshopper*-Skript zum Einfluss der passiven Strategien am Standort

3.4 Passive Gebäudestrategien

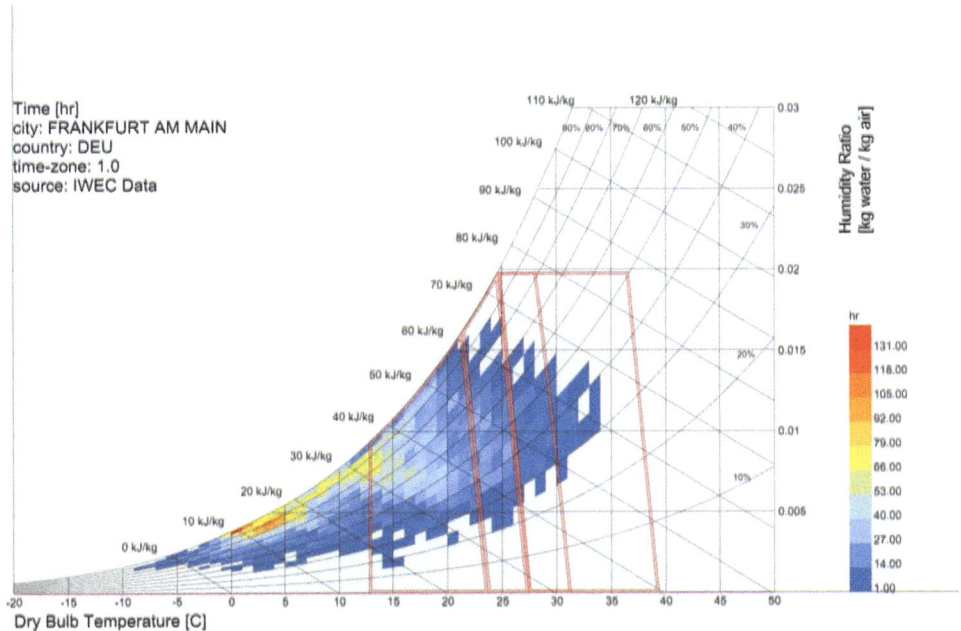

Abb. 3.40 Visualisierung des Einflusses der passiven Strategien am Standort

des thermischen Innenraumkomforts. Anfangs zeigen die Diagramme in Abb. 3.41 noch deutliche Zeiträume im Jahr, in denen es zu kalt (blau; − 2 bis − 3) oder zu warm (orangerot; + 2 bis + 3) ist. Bereits die erste Entwurfsentscheidung in Form der Veränderung der Orientierung des Gebäudes mit der größten Fassade zur Sonne zeigt eine deutliche Komfortsteigerung. Mit dem Einführen von Fensteröffnungen und thermischer Masse als massives Konstruktionsmaterial kann das Community Center zwar in der kalten Jahreszeit angenehm warm gehalten werden; jedoch überhitzt es in der warmen Jahreszeit. Dieser unkomfortablen Innenraumerwärmung konnte mit baulicher Verschattung in Form von großen Dachüberständen und natürlicher Querlüftung zum Abführen der Wärme entgegengewirkt werden, sodass der finale Entwurf einen hohen thermischen Innenraumkomfort über das gesamte Jahr aufweist. Lediglich in den Nachmittagsstunden wird es noch zu warm, sodass hier punktuell gekühlt werden könnte. Insgesamt kommt der finale Entwurf mit minimalem Strombedarf für Beleuchtung und punktuelle Kühlung aus, der über auf dem Dach angeordnete Photovoltaikmodule gedeckt werden kann.

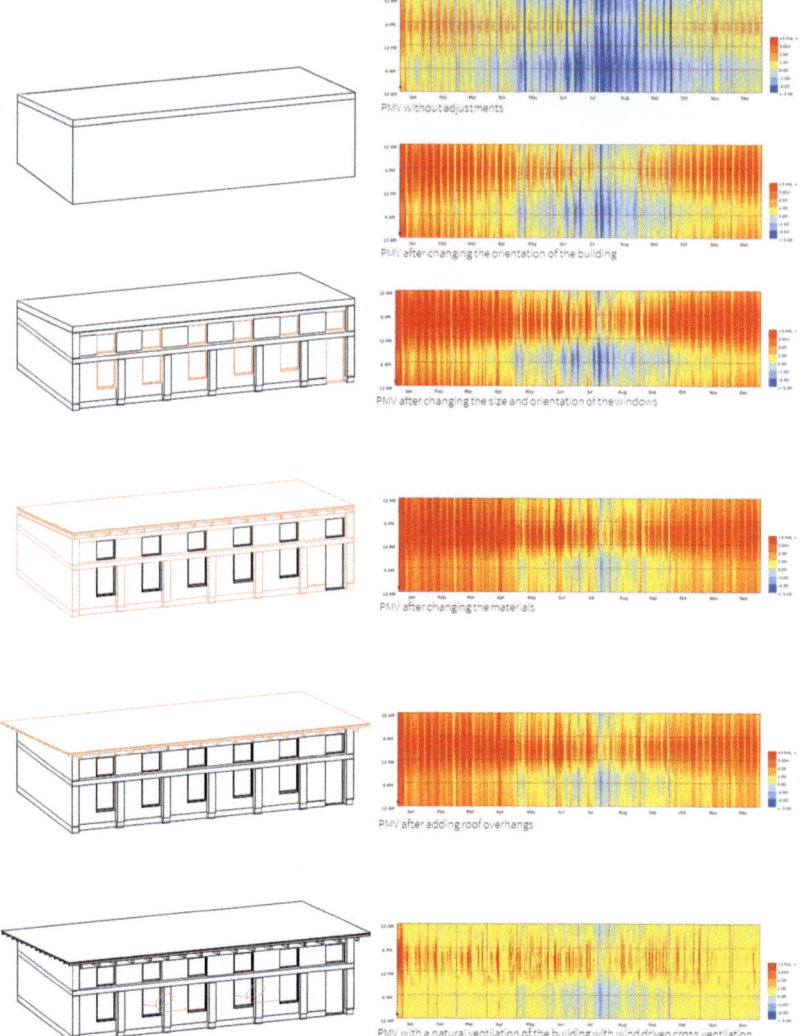

Abb. 3.41 Community Center in Südafrika, Studienprojekt Paula Warnken, Jade Hochschule

3.4.2 Thermische Speichermasse

Massivbau oder Leichtbau – Definition der Konstruktion

In Abschn. 2.3.5 zur Bedeutung der thermischen Speichermasse und der Anwendung von Massivbau oder Leichtbau in verschiedenen Klimazonen für verschiedene Nutzungen wurde bereits auf die Wirkungsweise von thermischer Speichermasse eingegangen. Materialien mit einer hohen Dichte, z. B. Lehm, Mauerwerk oder Beton speichern mehr passive und aktive Wärme als Materialien mit einer geringen Dichte wie z. B. Holz

3.4 Passive Gebäudestrategien

oder Geflechte. Die Menge der thermischen Speichermasse hat folglich einen direkten Einfluss auf die Behaglichkeit des Innenraums – je nach Klimazone wird historisch oft Leichtbau zum schnellen Abführen der solaren Gewinne des Tages oder Massivbau zur zeitverzögerten Abgabe der solaren Wärme an den Innenraum gewählt. Ebenso hat die Ab- oder Anwesenheit von thermischer Speichermasse Wechselwirkungen mit den anderen passiven Strategien, u. a. den Lüftungsstrategien, den baulichen Verschattungen, der thermischen Zonierung der Grundrisse.

Für das zu analysierende Gebäudemodell muss die Wahl der Konstruktion nicht im 3D-Modell in *Rhinoceros 3D* festgelegt, sondern kann stattdessen via Skript in *Grasshopper* definiert werden, sodass eine Analyse der Materialwahl für die Konstruktion in diversen Varianten möglich ist, ohne das architektonische Grundmodell jeweils verändern zu müssen. *Honeybee* bietet eine Materialbibliothek mit den standardisierten und häufig verwendeten Konstruktionsmaterialien. Dafür wird die Komponente *HB Construction Set by Climate* verwendet, die mithilfe eines *Item Selector* nicht nur die Filterung nach Klimazone, sondern ebenfalls zusätzlich oder alternativ nach Gebäudealter und Konstruktionsart erlaubt. Um Informationen über die einzelnen Bestandteile der ausgewählten Konstruktion zu erhalten, kann via *HB Deconstruct ConstructionSet* jede einzelne Bauteilschicht ausgelesen werden. Alternativ bietet die Suchkomponente *HB Search Construction Sets* eine Filterung über Schlüsselwörter an. Beide Skripte dazu sind in Abb. 3.42 zu sehen. Die für die jeweiligen Gebäudeteile (*Rooms*) gewählte Konstruktion kann als Input in die Komponente *HB Room* hinzugefügt werden; z. B. oben links in Abb. 3.44 in der Komponente *HB Room from Solid*. Wenn die gewählte Konstruktion für das gesamte Gebäude angewandt wird, kann der Input auch direkt via *HB Apply Opaque Construction* auf das gesamte Gebäude (*hb objs*) übertragen werden, siehe Abb. 3.43 rechts; hier orange eingefärbt.

Individuelle Konstruktionen können über die Komponente *HB Opaque Construction* erstellt werden; hierfür werden einzelne Materialien aus der Materialbibliothek über die Komponente *Merge* miteinander verbunden und als Konstruktion in die jeweiligen Komponenten *Room* oder *hb objs* integriert.

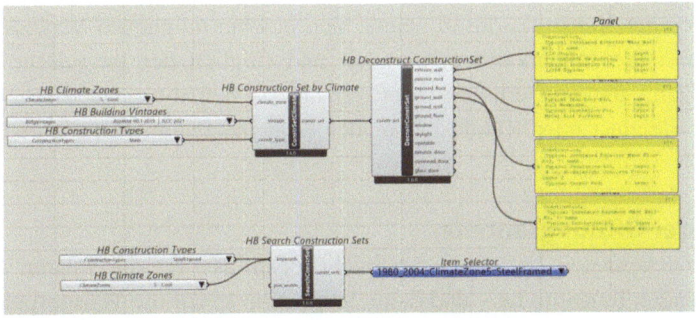

Abb. 3.42 *Grasshopper*-Skript Thermische Masse vs. Lightweight

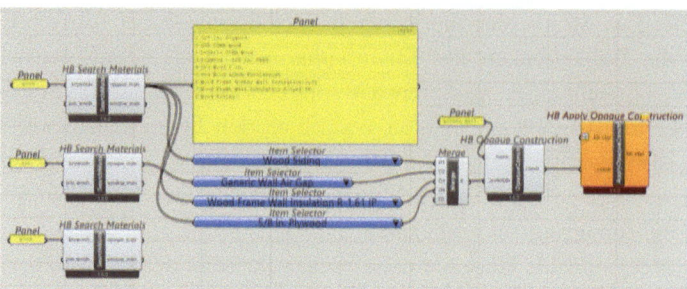

Abb. 3.43 *Grasshopper*-Skript zum Erstellen individueller Konstruktionen

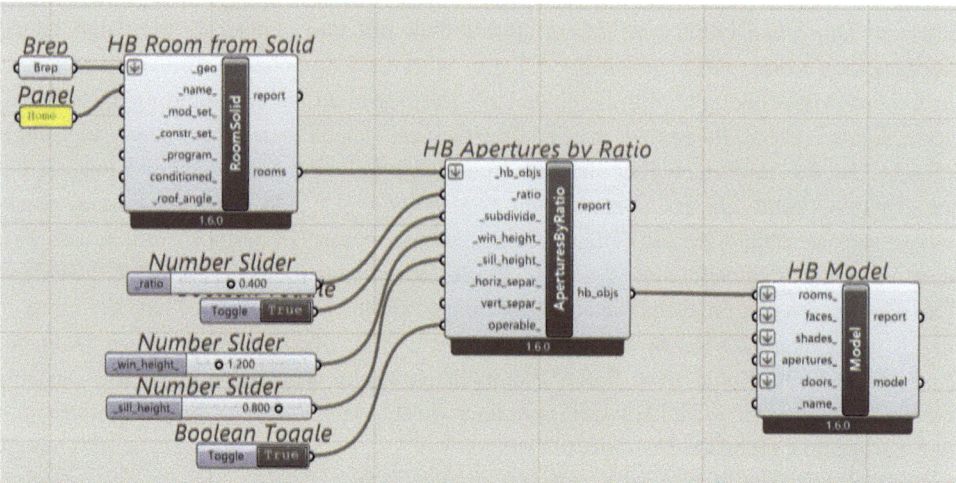

Abb. 3.44 *Grasshopper*-Skript für ein Volumenmodell mit prozentualem Fensterflächenanteil

Um den Einfluss der Konstruktion auf den Innenraum ablesen zu können, muss entsprechend ein komplettes Gebäudemodell in *Grasshopper* erstellt und energetisch simuliert werden. Informationen zur Energiesimulation mit *Honeybee* beinhaltet Abschn. 3.5. Die Auswirkungen der Konstruktionsart zeigen sich in zwei möglichen Veränderungen: zum einen variieren die Innenraumtemperaturen und folglich der thermische Komfort im Innenraum. Zum anderen erhöhen oder verringern sich die energetischen Kennwerte in Form der Heizlast oder Kühllast bzw. des Jahresheizwärmebedarfs und Jahreskältebedarfs.

Definition der Öffnungsanteile

Der Fensterflächenanteil hat einen erheblichen Einfluss auf die solaren Gewinne der dahinterliegenden Innenräume – und damit auch indirekt auf die Wärmespeicherfähigkeit des Bodens und der Innenwände und auf die Möglichkeit der natürlichen Lüftung. Auch hier bietet der EDDA-Workflow über die Kombination aus einem einfachen Flächenmo-

3.4 Passive Gebäudestrategien

dell in *Rhinoceros 3D* mit der detaillierten Definition in *Grasshopper* den Vorteil der Variation der Öffnungsanteile und Konstruktionsmaterialien ohne die Notwendigkeit, das 3D-Modell ändern zu müssen. Grundsätzlich gibt es zwei Möglichkeiten, den Fensterflächenanteil der Fassade zu definieren: Zum einen als prozentualen Anteil, abgebildet in Abb. 3.44; zum anderen als einzelne, punktuell gesetzte Flächen, die dann als *Breps* den einzelnen Außenwänden zugewiesen werden können; abgebildet in Abb. 3.45. Bei der Variante der prozentualen Zuweisung werden im 3D-Modell in *Rhinoceros 3D* keine Fensterflächen gezeichnet – die in Abb. 3.46 dargestellten Fensterflächen sind das Ergebnis der *Grasshopper*-Definition des Öffnungsanteils des Gebäudevolumens (*HB Room from Solid*) mit den detaillierten Einstellungen in der Komponente *Hb Apertures by Ratio*. Im Gegensatz dazu sind die Fensterflächen im Flächenmodell von Abb. 3.47 als einzelne Flächen im 3D-Modell in *Rhinoceros 3D* erstellt worden, anschließend via *Brep* über die Komponente *HB Aperture* dem Gebäudemodell (*HB Model*) zugewiesen worden. Während bei der Modellierung der Fensterflächen im 3D-Modell in *Rhinoceros 3D* bereits

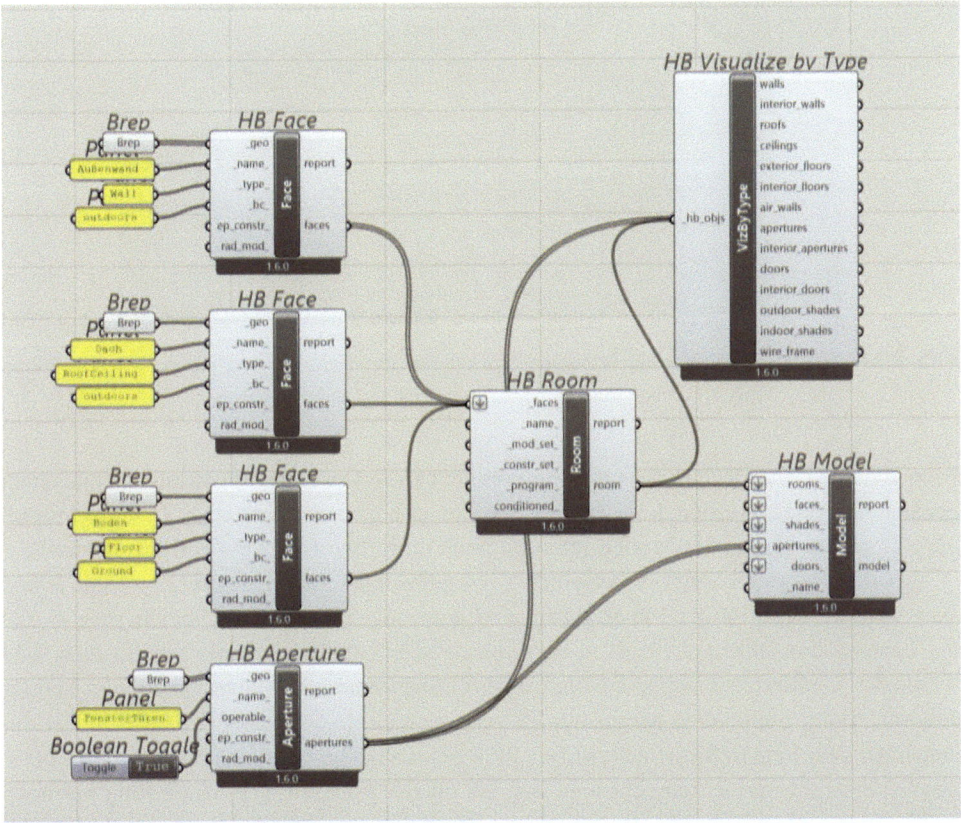

Abb. 3.45 *Grasshopper*-Skript für ein Flächenmodell mit individuellen Konstruktionen für jedes Bauteil

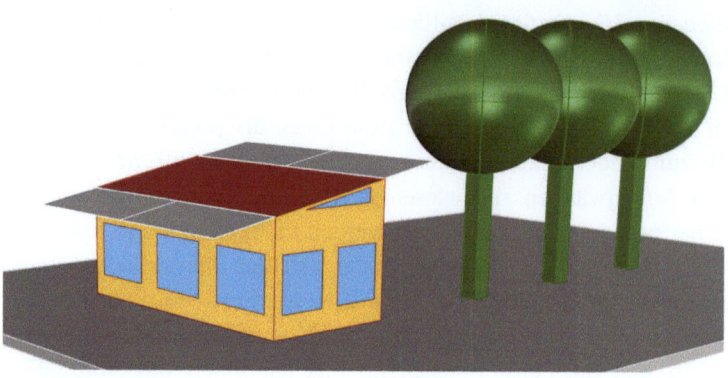

Abb. 3.46 Visualisierung des prozentualen Fensterflächenanteils im Volumenmodell

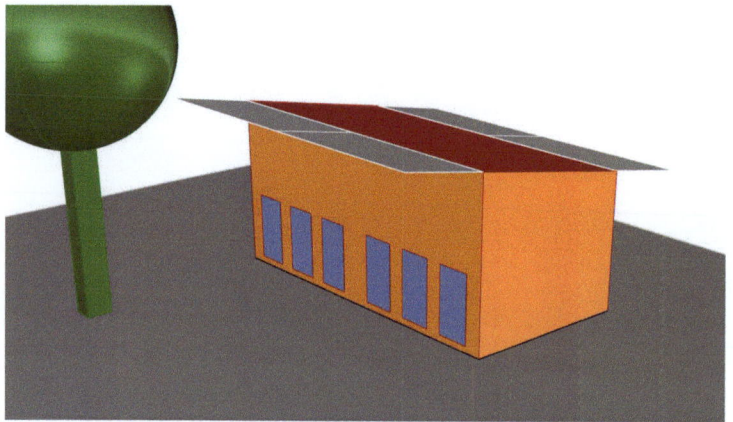

Abb. 3.47 Visualisierung des Flächenmodells mit definierten Fenstern und Türen für jedes Bauteil

beim Erstellen der Flächen die Öffnungsparameter wie Größe und Position des einzelnen Fensters festgelegt werden, können diese Parameter bei der prozentualen Zuweisung auch ohne Anpassungen im 3D-Modell jederzeit noch im Entwurfsprozess variiert werden.

Am Beispiel des bereits in Abschn. 3.1 vorgestellten Entwurfs zum Hotel auf Island lässt sich der Einfluss der Materialwahl und damit der thermischen Speichermasse und der Einfluss des Öffnungsanteils in der Fassade sehr gut veranschaulichen. In Abb. 3.48 wurde der resultierende adaptive Komfort des Gästezimmers in Abhängigkeit vom Verglasungsanteil der Südfassade dargestellt. Es zeigt sich ein leicht abnehmender Komfort mit zunehmendem Fensterflächenanteil: Bei 30 % Fensterfläche weist der Innenraum zu 40 % des Jahres komfortable Temperaturen auf; bei einer 90 prozentigen Verglasung nur noch in 32 % des Jahres. Dabei ist der Effekt hier deutlich abgeschwächt, weil eine thermische Pufferzone zwischen der Südfassade und den Gästezimmern liegt. In den Analysen des

3.4 Passive Gebäudestrategien

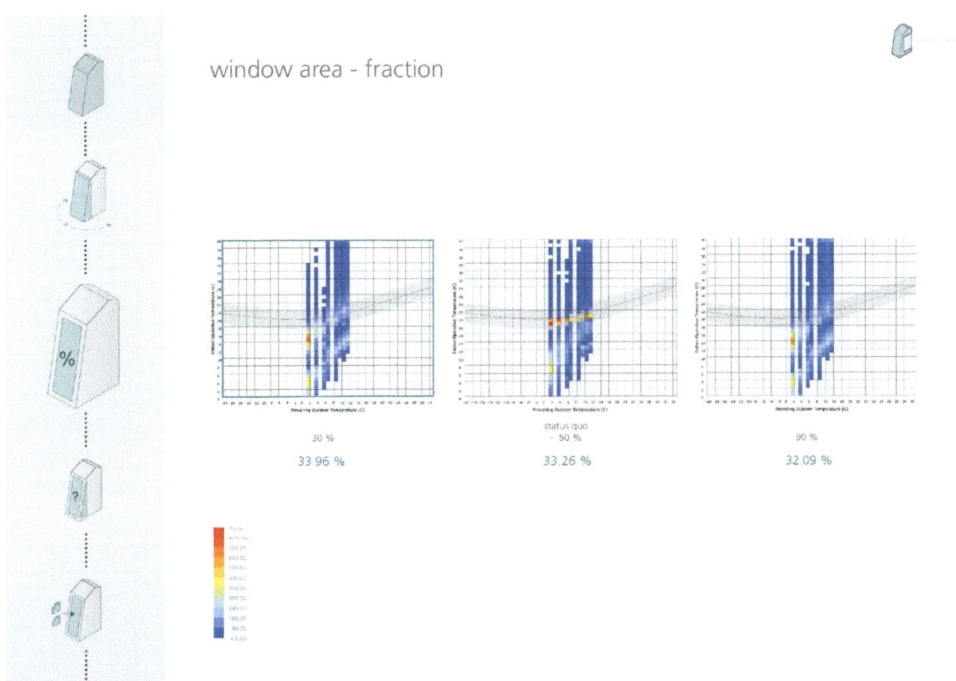

Abb. 3.48 Wechselwirkung des Verglasungsanteils mit dem Öffnungsanteil (Marie Schnieders, Jade Hochschule)

adaptiven Komforts der Pufferzone würde sich der Einfluss des Verglasungsanteils sehr viel stärker bemerkbar machen.

Anschließend an die Analyse des Fensterflächenanteils wurde der Einfluss der Qualität der Verglasung geprüft: Abb. 3.49 zeigt, dass der Innenraumkomfort bei einer Dreifachverglasung mit 33 % deutlich höher liegt als bei einer Doppel-Isolierverglasung bei gleichbleibendem Fensterflächenanteil. Dies ist dem kalten Klima auf Island als Verortung des Projektes geschuldet und würde in einer warmen Klimazone ganz anders ausfallen.

Das nachfolgende Projekt zum Hotel auf Island von Jenny Gißler basiert auf einem komplett anderen Entwurfsansatz, der sich klar im Grundriss in Abb. 3.50 ablesen lässt: Umliegend um einen massiven Kern mit den Gästezimmern gibt es eine unkonditionierte Pufferzone. Hierbei wurde der Anteil der verglasten zur opaken Fläche der außenliegenden Pufferzone variiert, während der Verglasungsanteil des massiven Kerns mit 35 % gleich blieb. Ebenso wurde die natürliche Belüftung nicht verändert. Im Ergebnis in Abb. 3.51 ist der Einfluss des Verglasungsanteils auf die Pufferzone sehr viel deutlicher zu erkennen: Während eine fast vollständige Verglasung zu 12 % des Jahres zu komfortablen Temperaturen führt, steigt dieser Anteil bei sinkendem Verglasungsanteil auf bis zu 92 % des Jahres komfortable Innenraumtemperaturen bei einer 20 prozentigen Verglasung.

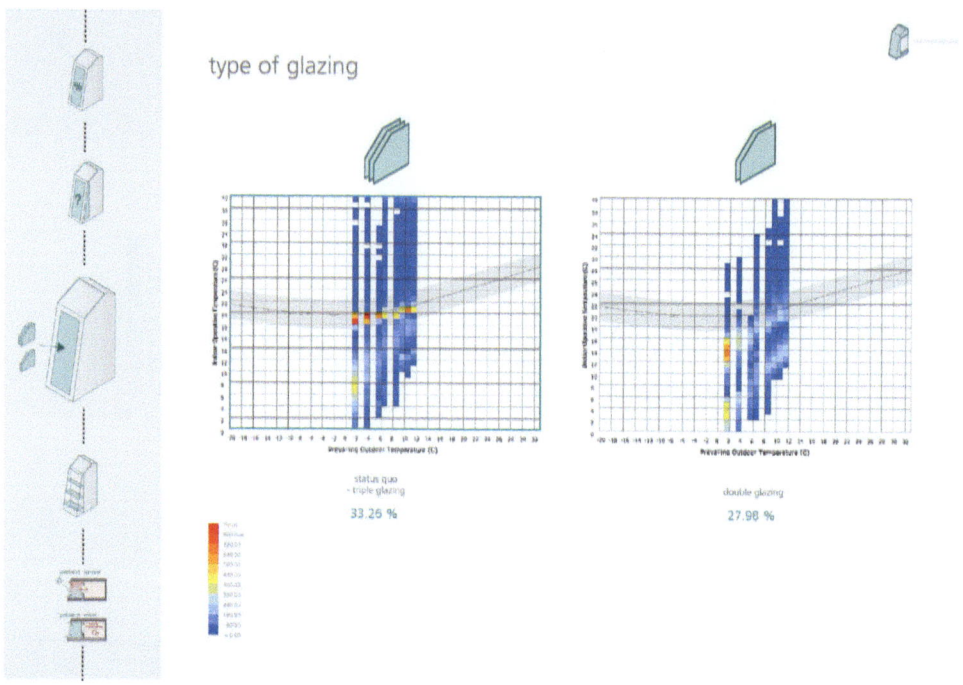

Abb. 3.49 Auswirkungen der Verglasung auf den thermischen Komfort (Marie Schnieders, Jade Hochschule)

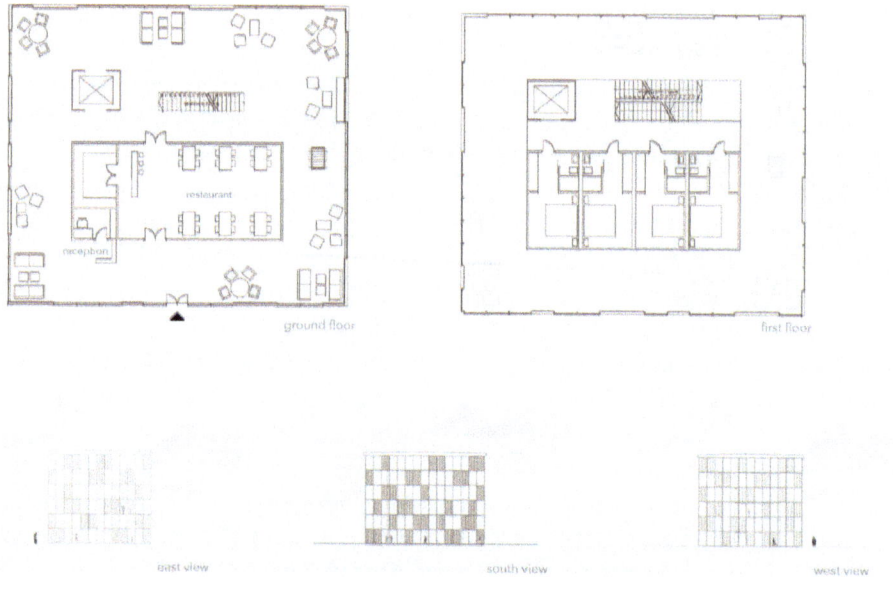

Abb. 3.50 Entwurf eines Hotels auf Island (Jenny Gißler, Jade Hochschule)

3.4 Passive Gebäudestrategien

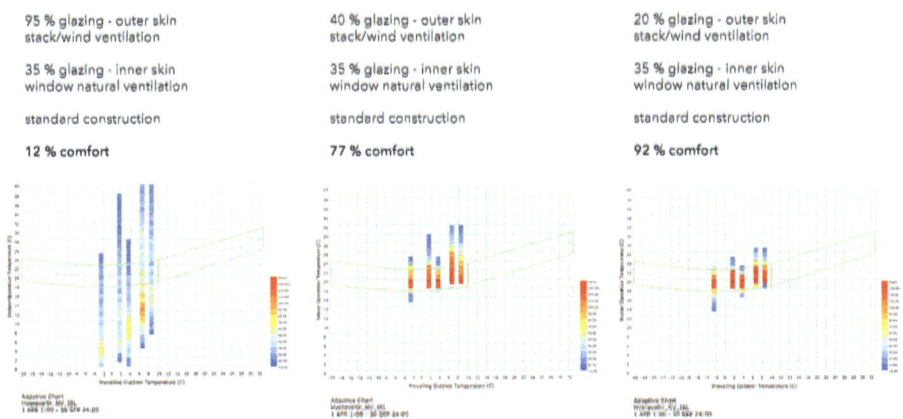

Abb. 3.51 Auswirkungen der Verglasung der Gebäudehülle auf den thermischen Komfort (Jenny Gißler, Jade Hochschule)

3.4.3 Thermische Zonierung im Gebäude

Im vorherigen Abschnitt beinhalten die beiden vorgestellten Projekte zum Hotel auf Island sogenannte thermische Pufferzonen, die nicht aktiv geheizt oder gekühlt werden und somit die Wärme- und Kälteeinwirkungen durch die äußere Fassade aufnehmen, aber dann verzögert oder kontrolliert gesteuert an den dahinterliegenden Raum abgeben können. Im Projekt von Marie Schnieders ist dies der den Gästezimmern südlich vorgelagerte verglaste Wintergarten; das Projekt von Jenny Gißler ist durch eine den Kern umspielende Pufferzone gekennzeichnet. Dieses Prinzip ist den historischen Bezügen auf Innenhöfe oder Atrien in Abschn. 2.3.2 und 2.3.3 angelehnt. Das geschickte Anordnen thermischer Zonen in Grundrisse kann die Einwirkungen des Außenklimas auf den Innenraum mildern – seien es solare Gewinne, die an kalten Tagen durch großzügige Verglasungen den direkt zur Sonne orientierten Innenraum erwärmen oder verschattete Bereiche, die an heißen Tagen die Aufenthaltsräume vor Überhitzung schützen, Schlafräume, die sonnenabgewandt geplant werden oder gut durchlüftete Bereiche, die die warme Sommerluft abtransportieren können, bevor die thermische Speichermasse die Wärme aufnehmen kann. Abb. 3.52 verdeutlicht den Einfluss einer thermischen Pufferzone auf den Innenraumkomfort im Gästezimmer. Im Entwurf wurde die Tiefe des Wintergartens variiert: Ursprünglich war der Wintergarten 43 % des Jahres behaglich; mit einem deutlich kleineren Volumen verringert sich die Behaglichkeit, mit einem vergrößerten Volumen vergrößert sich auch der Anteil des Jahres, der thermisch komfortabel ist. Thermische Pufferzonen können jedoch nicht nur in außenliegenden Zonen von Gebäuden angeordnet werden, sondern ebenso in Kernzonen. Das nachfolgende Entwurfsbeispiel in Abb. 3.53 einer Unterkunft in einer subtropischen Klimazone ist durch zwei massive Kerne mit den Schlaf- und Wohnräumen und einen offenen Mittelgang gekennzeichnet. Zudem sind die massiven Gebäudekerne durch einen großzügigen Dachüberstand verschattet und schützen

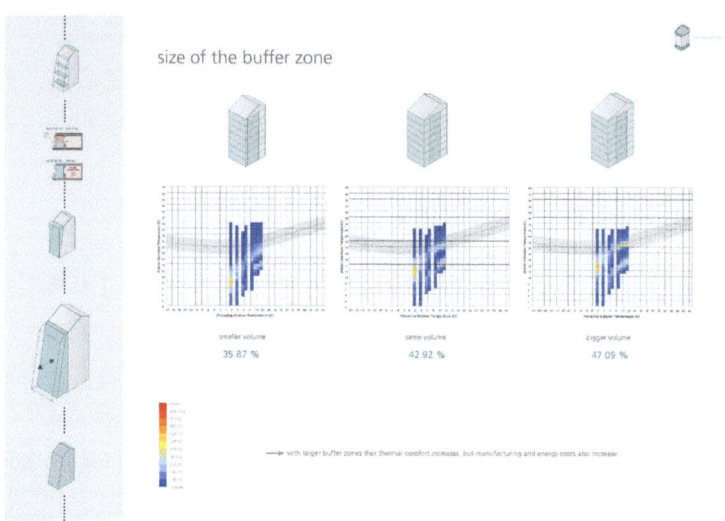

Abb. 3.52 Einfluss der Größe der Pufferzone auf den thermischen Komfort (Marie Schnieders, Jade Hochschule)

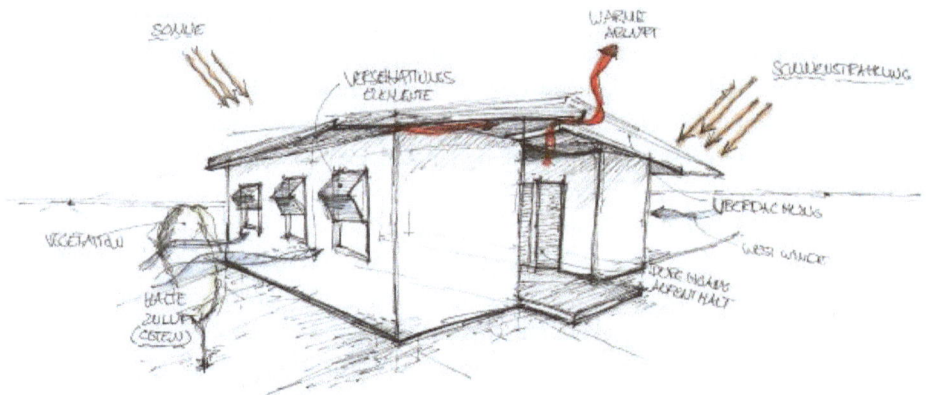

Abb. 3.53 Entwurf mit variablem Mittelgang als Pufferzone, Ben Gottkehaskamp, Jade Hochschule

so die Außenwände vor solarer Einstrahlung und Regen. Der Mittelgang ist orthogonal zur Hauptwindrichtung orientiert (Abb. 3.54), damit Winddruck und -sog eine Querlüftung durch die Fensteröffnungen der Schlaf- und Wohnbereiche gewährleisten können. Um trotzdem eine dauerhafte Durchlüftung des Mittelgangs zu erreichen, wurde das Prinzip der Kaminlüftung angewendet: Ein erhöhtes Dach mit Abluftöffnungen sorgt durch das Aufsteigen der warmen Luft mittels Unterdruck für kühlere nachströmende Luft. So entsteht an warmen Tagen ein konstanter Luftstrom bei geöffnetem Dach. Die Konzepte der natürlichen Lüftung werden in Abschn. 2.3.8 ausführlicher beschrieben. Die

3.4 Passive Gebäudestrategien

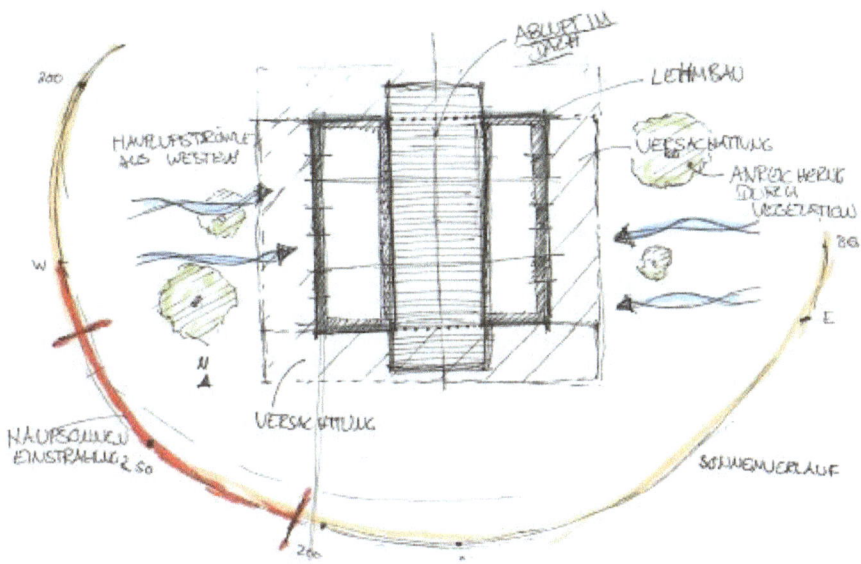

Abb. 3.54 Strategienset für den Entwurf, Ben Gottkehaskamp, Jade Hochschule

Parameteranalyse in Abb. 3.55 variiert die Größe des Mittelgangs: zunächst werden von der ursprünglich 5 m-Breite jeweils 2 m addiert oder reduziert; anschließend wird noch die Länge des Gangs um 4 m erhöht, um dann die Auswirkungen einer Breitenadaption zu prüfen. Als Bewertungsparameter wurden sowohl der adaptive Komfort als auch der Predicted Mean Vote (PMV) für beide massive Kerne als auch den Mittelgang als Pufferzone ausgewiesen. Es erweist sich ein schmaler Mittelgang als vorteilhaft (siehe Abb. 3.56 und 3.57): Die Variante mit einem Mittelgang von 3 m Breite erzielt die höchsten Innenraumkomfortwerte.

Für eine Zonierung in *Grasshopper* kann sowohl ein Volumenmodell als auch ein Flächenmodell gewählt werden. Im Skript in Abb. 3.58 wurde der Mittelgang als Flächenmodell und die massiven Kerne als Volumenmodell erstellt. Wichtig ist dabei, dass die Pufferzone als geschlossene Geometrie in *Rhinoceros 3D* modelliert wird. Anschließend können die ggf. nicht vorhandenen Umgebungsflächen in *Grasshopper* als *AirBoundary*-Luftwand mit der Definition *outdoors* für den direkten Kontakt zur Außenluft definiert werden. Zu beachten: Bei einer nicht aktiv klimatisierten Zone muss der *Boolean Toggle* auf *False* beim Input *conditioned* gesetzt sein. Die Komponente *Hb Solve Adjacency* definiert die Lage der einzelnen Zonen zueinander, bevor sie dann via *HB Model* zu einem kompletten Modell verbunden werden. Abb. 3.59 zeigt die Modellierung des Mittelgangs als geschlossenes Objekt im 3D-Modell in *Rhinoceros 3D*.

Variation	Zonen (in %)					
	1	2	3	4	5	AVERAGE (G)
Status Quo [Adatptive]	75,39	85,04	81,62	77,84	77,57	79,49 / 78,28
[PMV]	25,42	43,66	40,99	28,12	28,45	25,81 / 31,51
Mittelgangbreite 5,0m						
Versuch 01 [Adaptive]	81,11	78,04	73,21	78,35	75,15	76,57 / 77,56
[PMV]	41,86	27,45	32,81	39,90	27,03	25,94 / 38,19
Mittelgang + 2,0m						
Versuch 02 [Adaptive]	93,15	74,73	75,43	88,89	74,24	81,29 / 85,82
[PMV]	43,79	25,01	26,46	39,45	25,43	27,70/ 36,57
Mittelgang - 2,0m						
Versuch 03 [Adaptive]	86,50	78,91	75,47	83,53	78,68	80,62 / 81,83
[PMV]	43,99	28,94	26,03	41,99	29,61	26,85/ 37,34
Mittelgang Länge +4,0 m Standart Breite						
Versuch 05 [Adaptive]	86,41	78,80	74,82	83,43	78,59	80,41 / 81,55
[PMV]	43,91	28,86	25,73	41,95	29,55	26,89/ 37,20
Mittelgang Länge +4,0 m Breite +2,0m						
Versuch 05 [Adaptive]	83,44	77,06	74,41	80,43	76,82	78,43 / 79,43
[PMV]	43,47	27,84	24,91	40,64	28,00	26,41/ 36,34
Mittelgang Länge +4,0 m Breite -2,0m						
	Wohnen_1	Mittelgang		Wohnen_2		Links ist der gesamte Durchschnittswert aller Zonen. Rechts ist der Durchschnittswert ohne die Pufferzonen

Abb. 3.55 Parameteranalyse Mittelgang als Pufferzone, Ben Gottkehaskamp, Jade Hochschule

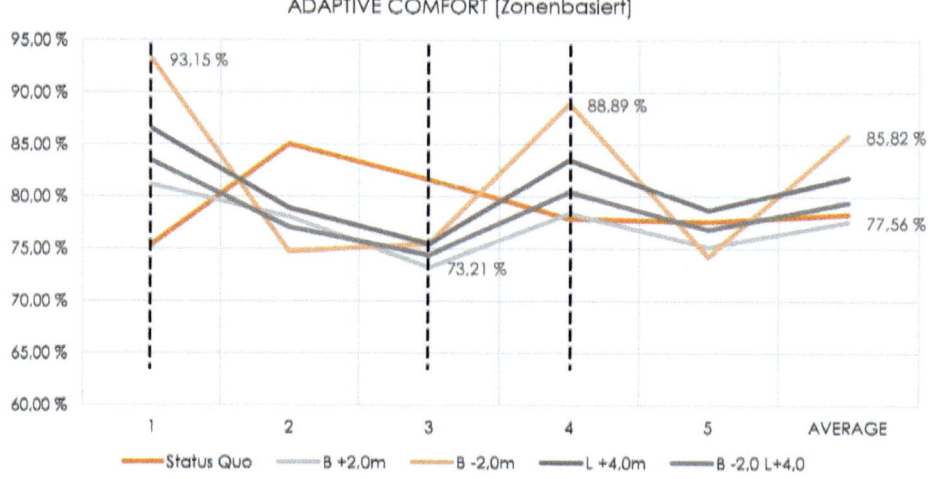

Abb. 3.56 Ergebnisse der Simulation für den adaptiven Komfort bei verschiedenen Ausdehnungen des Mittelgangs, Liniendiagramm, Ben Gottkehaskamp, Jade Hochschule

3.4 Passive Gebäudestrategien

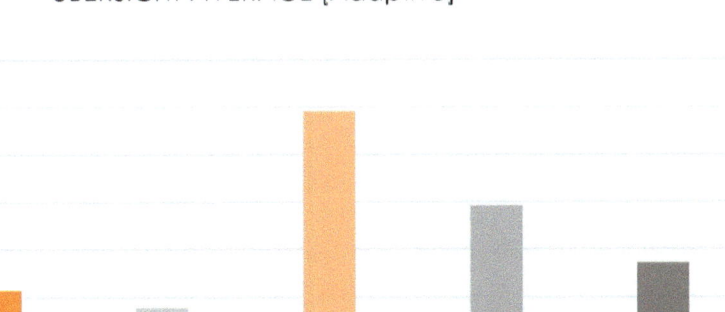

Abb. 3.57 Ergebnisse der Simulation für den adaptiven Komfort bei verschiedenen Ausdehnungen des Mittelgangs, Säulendiagramm, Ben Gottkehaskamp, Jade Hochschule

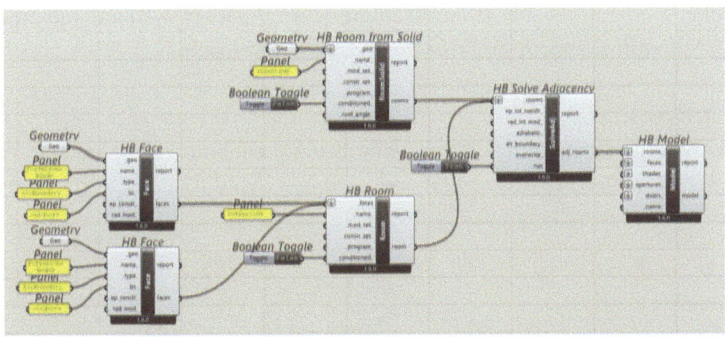

Abb. 3.58 *Grasshopper*-Skript zur Zonierung des Projekts mit Mittelgang als thermische Pufferzone

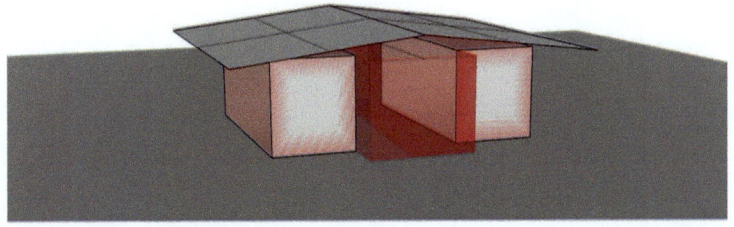

Abb. 3.59 *Rhinoceros 3D*-Modell zum Projekt mit Mittelgang als thermische Pufferzone

3.4.4 Solare Gewinne

Solarstrahlungsanalyse

Einfallende Solarstrahlung in Gebäuden hat hat sowohl Vor- als auch Nachteile. Menschen benötigen direktes Tageslicht für die Gesundheit und das Wohlbefinden und genießen die solare Wärme an kühlen Tagen; dagegen wird an heißen Tagen Verschattung als Maßnahme gegen zu viel Sonneneinstrahlung benötigt, um Menschen, Innenräume aber auch Fassaden vor der entstehenden Wärmeentwicklung zu schützen. Die Möglichkeiten zur Integration der Solarstrahlung als Entwurfsparameter werden in Abschn. 3.3.4 und Abschn. 2.3.6 beschrieben. Das Analysetool der *Ladybug Radiation Analysis* weist die einfallende jährliche Solarstrahlungsstärke in kWh/m^2 auf Oberflächen aus und kann Verschattungen durch Objekte berücksichtigen. Per Farbcode wird das Ergebnis anschließend auf der 3D-Modell-Oberfläche in *Rhinoceros 3D* dargestellt. Für das *Grasshopper*-Skript in Abb. 3.60 werden die Daten aus der Wetteranalyse (*direct normal radiation*, *diffuse horizontal radiation*, *location*) mit der Bewölkungsmatrix verbunden, um anschließend in die Komponente *LB Incident Radiation* eingefügt zu werden. Bei Bedarf kann ein *Vector* die Orientierung der Himmelsrichtung Nord definieren. Die zu analysierenden Gebäude werden via *brep* definiert, ebenso gegebenenfalls verschattende Objekte als *context*. In Abb. 3.61 kann man sehr deutlich die Verschattungseffekte der Bäume aber auch des Vordachs ablesen, sowie die einfallende Solarstrahlung auf die Fassaden, den Vorplatz und die Dachfläche. Der Einfluss der solaren Gewinne im Entwurf wird anhand eines Beispiels in Abschn. 3.3.4 zum Standort und den Potenzialen beschrieben.

Sonnenstandverlauf

Eine andere Möglichkeit, den Einfluss der Sonne zu beurteilen, ist die Analyse des Sonnenstands über den Jahresverlauf. So können Maßnahmen zum Schutz vor der

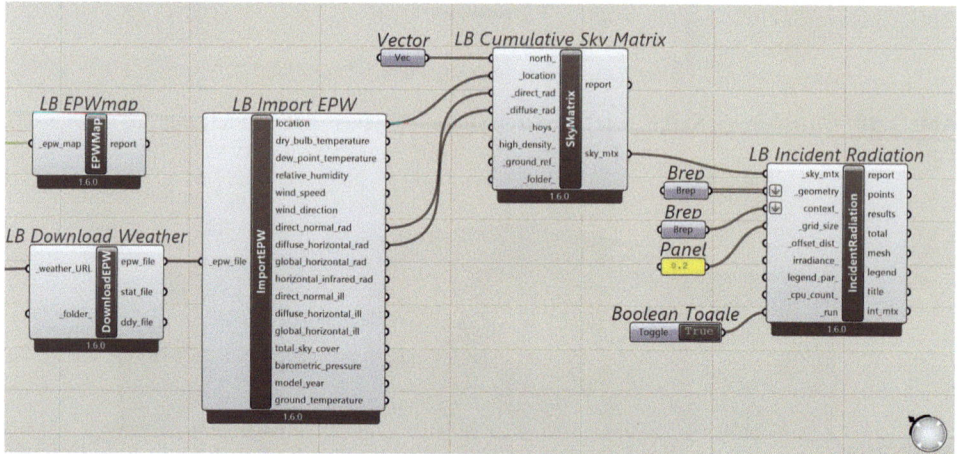

Abb. 3.60 *Grasshopper*-Skript zur Solarstrahlungsanalyse auf den Oberflächen

3.4 Passive Gebäudestrategien

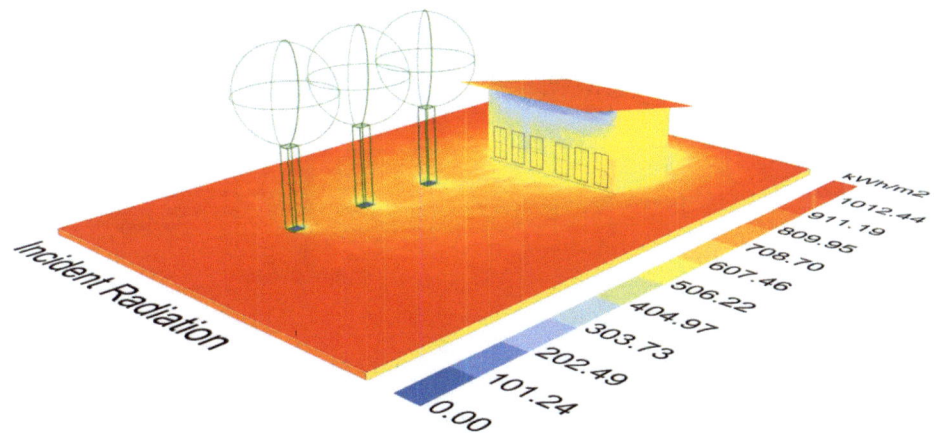

Abb. 3.61 Visualisierung der solaren Einstrahlung auf den Oberflächen

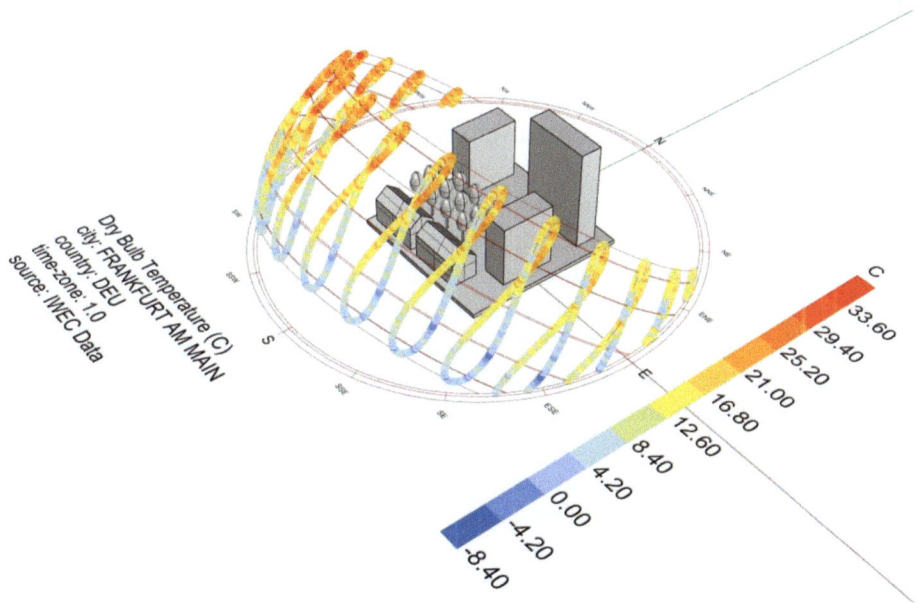

Abb. 3.62 Darstellung des Sonnenstandverlaufs in *Rhinoceros 3D*

Sonne oder Maßnahmen zur Erhöhung der solaren Gewinne an den Sonnenstandwinkel angepasst werden. Um den Sonnenstand als Halbkugel auf der Modelloberfläche in *Rhinoceros 3D* anzeigen zu lassen (Abb. 3.62), wird für das *Grasshopper*-Skript neben den Wetterdaten die Komponente *LB Sun Path* benötigt. Als Inputs sind lediglich die *location* und optional die *dry bulb temperature* für die Darstellung in Kombination mit

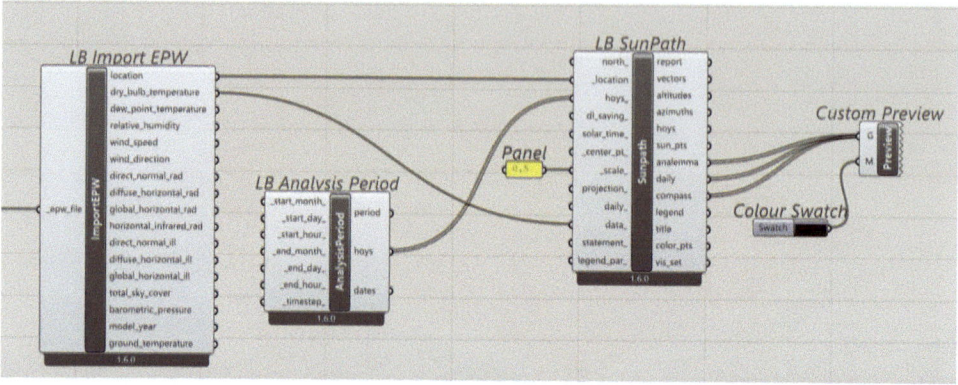

Abb. 3.63 *Grasshopper*-Skript zum Sonnenstandverlauf

der Außenraumtemperatur erforderlich. Zudem kann die Komponente *LB Analysis Period* verwendet werden, um eine bestimmte Zeitspanne zu betrachten (Abb. 3.63).

3.4.5 Außenraum – Verschattung um das Gebäude

Insbesondere in warmen Klimazonen ist die Verschattung des direkten Außenraums um das Gebäude eine weit verbreitete und sehr effektive Maßnahme, um die Aufenthaltsqualität im gebäudenahen Bereich zu erhöhen. Oft sind die Innenräume am Tag viel zu heiß, um sich dort aufzuhalten, sodass die Nutzer in den Außenbereich um das Gebäude ausweichen. Zur Steuerung des Außenraumkomforts eignen sich vor allem Dachüberstände, horizontale textile Verschattungen oder Bepflanzungen sowie umlaufende Terrassen. Um den Einfluss der geplanten baulichen Maßnahmen überprüfen und steuern zu können, ist die Komponente *Universal Thermal Climate Index (UTCI) Comfort Map* sinnvoll. Sie stellt die gefühlten Außenraumtemperaturen – beeinflusst durch Solarstrahlung, Wind und Luftfeuchtigkeit – im 3D-Modell in *Rhinoceros 3D* dar (Abb. 3.64) und kann somit Aufschluss über das Level des thermischen Stresses in diesen Bereichen geben. Das erforderliche *Grasshopper-Skript* in Abb. 3.65 ist etwas komplexer als die vorhergehenden Skripte, weil auf den zu analysierenden Flächen ein Punktraster (Komponenten *LB Generate Point Grid), Hb Sensor Grid und HB Assign Grids and Views* zur Berechnung und Darstellung erforderlich ist. Für die Darstellung müssen die Simulationsergebnisse mit den Komponenten *Hb Read Thermal Matrix* und *Visualize Thermal Map* ausgelesen und visualisiert werden. Im Ergebnis des Beispielprojekts lässt sich erkennen, dass der Bereich des offenen Mittelgangs um bis zu 3 Grad Celsius kühler ist als der umliegende Außenbereich. Selbst im Gebäudeschatten sind die Temperaturen noch um 1–2 Grad Celsius reduziert.

3.4 Passive Gebäudestrategien

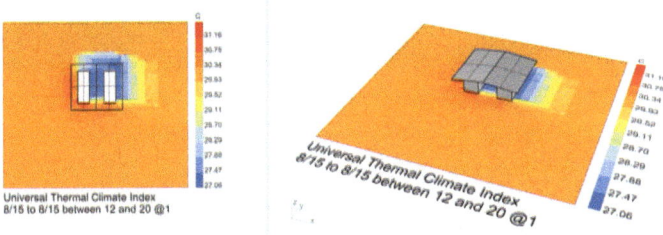

Abb. 3.64 Darstellung der gefühlten Außenraumtemperaturen mithilfe der UCTI Comfort Map

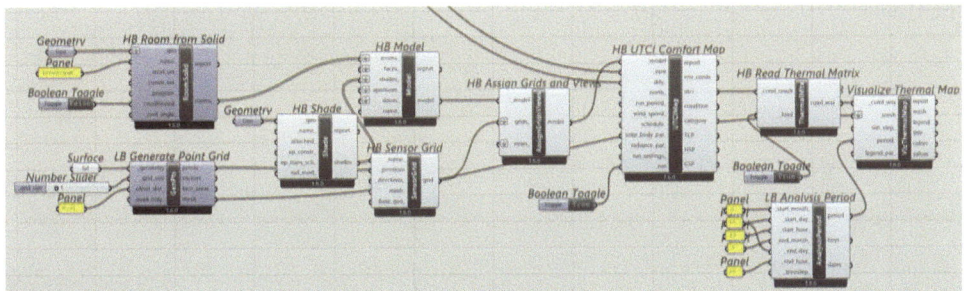

Abb. 3.65 *Grasshopper*-Skript für die UTCI Comfort Map

3.4.6 Lüftungsstrategien

In Abschn. 2.3.8 wird bereits auf die Vorteile einer natürlichen Be- und Entlüftung in Gebäuden eingegangen. Ebenso wurden die beiden grundsätzlichen Strategien der Querlüftung und der Kaminlüftung vorgestellt. Für das *Grasshopper*-Skript der Lüftungsstrategien wurde ein Beispielgebäude als 3D-Volumen-Modell (*HB Room*) in *Rhinoceros 3D* erstellt, das Fensteröffnungen (*HB Aperture*) an zwei gegenüberliegenden Fassaden und eine Fensteröffnung im Dach aufweist. Ebenfalls ist in Abb. 3.66 und 3.67 ein dreigeteiltes Dach zu sehen. Dies ist der Tatsache geschuldet, dass die innenraumumfassende Geometrie ein geschlossenes Volumen bilden muss; sodass die Dachüberstände als einzelne Flächen modelliert wurden. Diese haben keine Relevanz für die Innenraumsimulation – außer wenn sie als verschattendes Element definiert werden. Für die Definition der natürlichen Lüftung im Skript in Abb. 3.68 sind die Komponenten *HB Window Opening* und *HB Ventilation Control* erforderlich. In diesem Beispielskript wird die so definierte Querlüftung auf die gesamte Zone bzw. in diesem Einzonenmodell ebenfalls auf das gesamte Gebäude angewandt. Es ist alternativ in Mehrzonenmodellen möglich, jede Zone mit einer eigenen Lüftungsart zu definieren, bevor die einzelnen Zonen (*Room*) durch die Komponente *HB Solve Adjacencies* zueinander definiert und miteinander durch die Komponente *HB Model* verbunden werden. Zu beachten ist die Definition der Lüftungsart durch den Input

Abb. 3.66 Beispielgebäude

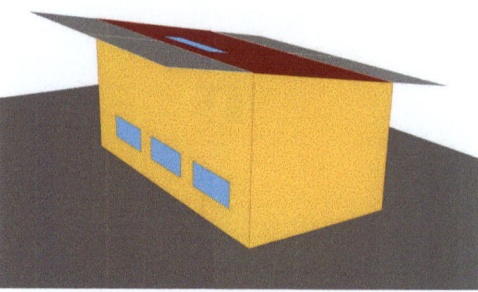

Abb. 3.67 Beispielgebäude Rückseite

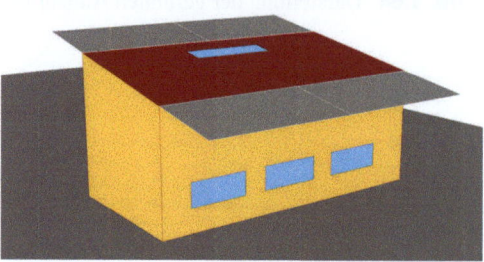

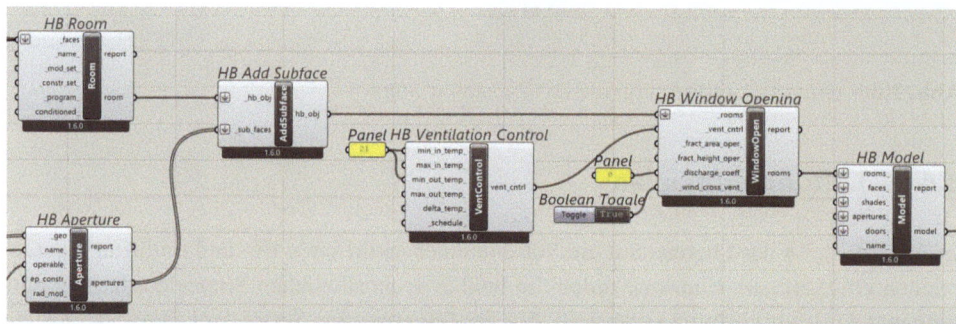

Abb. 3.68 *Grasshopper*-Skript für Fensterlüftung

discharge coeff an der Komponente *HB Window Opening* und der Funktion via *Boolean Toggle* die windgestützte Querlüftung zu aktivieren oder deaktivieren.

Fensterlüftung/Querlüftung

Im Fall der Querlüftung ist der *discharge coeff* auf 0 gesetzt, um den Kaminlüftungseffekt bei der Berechnung auszuschließen. Zeitgleich ist die windgestützte Querlüftung aktiviert, um hier den maximalen Effekt des Winddrucks und entsprechend Windsogs im Innenraumkomfort zu berücksichtigen. Die Analyse der lokalen Windrichtungen und -geschwindigkeiten für ein gezieltes Einsetzen der windgestützen Querlüftung sind in Abschn. 3.3.5 beschrieben. Im Ergebnis kann festgestellt werden, dass der Kühlbedarf durch die Querlüftung in den Monaten Juni bis September im unteren Diagramm in Abb. 3.69 leicht sinkt. Zudem kann der jährliche Kühlbedarf in kWh/m^2 über die

3.4 Passive Gebäudestrategien

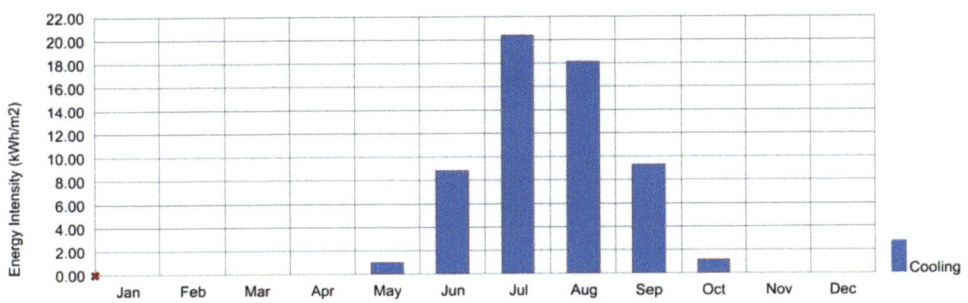

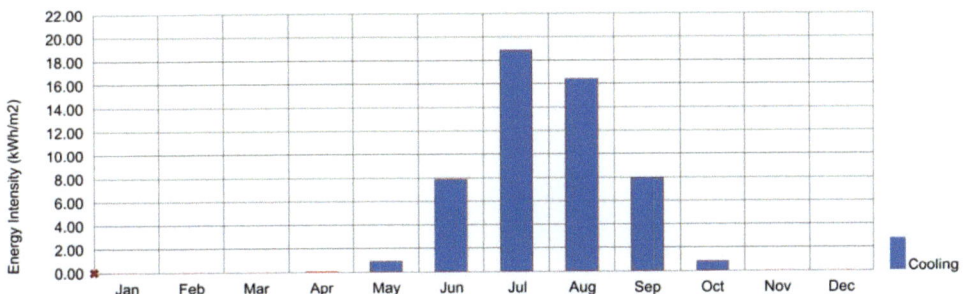

Abb. 3.69 Ergebnis: Reduktion des Kühlbedarfs in den Sommermonaten durch Querlüftung bei gegenüberliegenden Fenstern

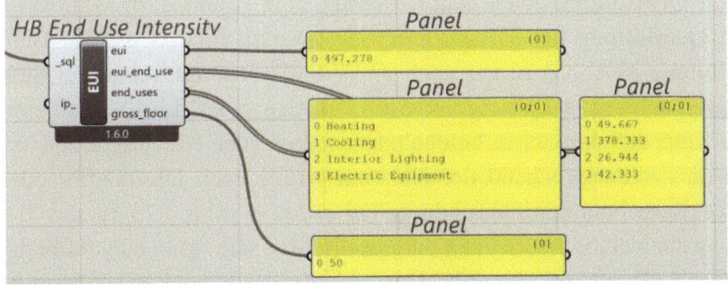

Abb. 3.70 Ergebnis: Verbleibender Kühlbedarf Querlüftung

Komponente *HB End Use Intensity* ermittelt werden (Abb. 3.70). Voraussetzung für die Simulation der Lüftungsstrategien ist eine Energiebedarfssimulation für einen Innenraum. Weitere Informationen dazu finden sich in Abschn. 3.5.

Kamineffekt/vertikale Lüftung

Im Fall der Kaminlüftung ist der *discharge coeff* im Beispielskript in Abb. 3.71 mit dem Input *0,65* als komplett geöffnete Fenster ohne Insektengitter für den maximalen Effekt des Kaminlüftungseffekts definiert. Die windgestützte Querlüftung ist deaktiviert, damit

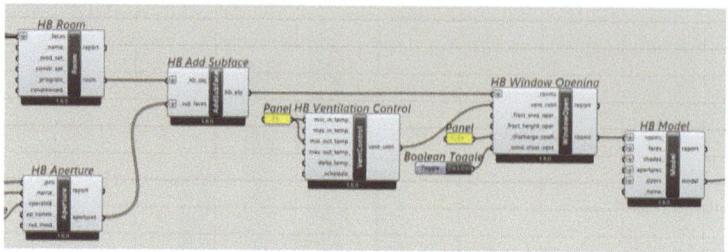

Abb. 3.71 *Grasshopper*-Skript für Kaminlüftung

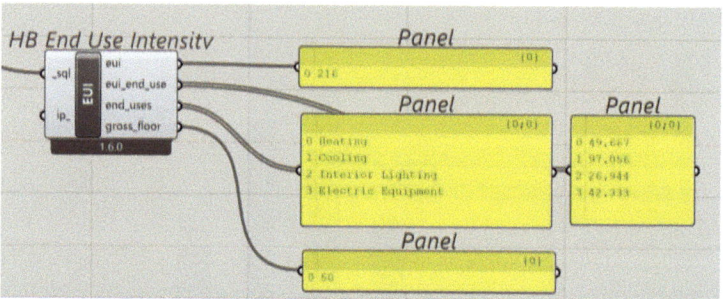

Abb. 3.72 Ergebnis: Verbleibender Kühlbedarf Kaminlüftung

die beiden Lüftungseffekte sich nicht gegenseitig beeinflussen. Das Ergebnis zeigt im Vergleich zur Querlüftung einen deutlich reduzierten Kühlbedarf: Während dieser beim Modell mit Querlüftung bei 378 kWh/m² lag, werden für das gleiche Gebäudemodell mit Kaminlüftung in Abb. 3.72 nur noch 97 kWh/m² benötigt. An dieser Stelle muss auf die nutzungstypabhängige Lüftung verwiesen werden: Sobald im Modell eine bestimmte Gebäudenutzung definiert wird, beinhaltet das Profil der Nutzung einen vordefinierten Luftaustausch, der entsprechend der Nutzungsprofile nach DIN 18599 oder ASHRAE den weiteren Berechnungen zugrunde gelegt wird. In Abb. 3.73 ist das Beispiel einer Wohnnutzung zur Veranschaulichung dargestellt: Man sieht grün eingefärbt den nutzungstypabhängigen Luftwechsel von 0,31. Das bedeutet, dass das Luftvolumen der Zone pro Stunde 0,31 fach ausgetauscht wird. Diese Grundlage kann weder ausgeschaltet noch umgangen werden, da es sich um den hygienisch erforderlichen Luftwechsel handelt [41]. Die Nutzerprofile der DIN 18599 ermöglichen anhand von statistischen Kennwerten erste Energiebedarfsprognosen bei minimaler Datengrundlage. Dies findet derzeit vor allem im Bereich der Urbanen Energiesimulation (UBEM) zur Analyse der Wirkung von städtebaulichen Maßnahmen auf Quartiers- oder Stadtebene Anwendung. Hierauf wird im zweiten Teil des Buchs, insbesondere im Abschn. 7.6.3 bei der Beschreibung der Archetypen näher eingegangen.

3.5 Betriebsenergie – Energiebilanz

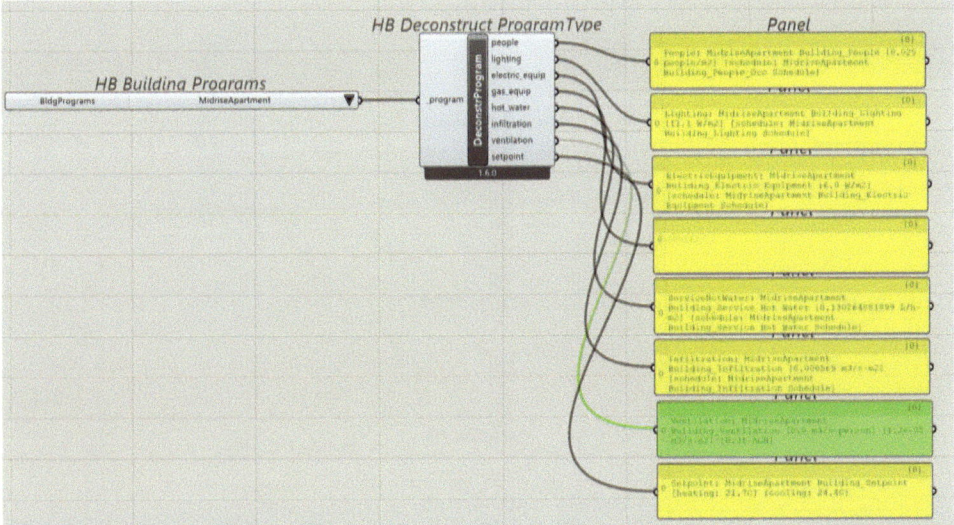

Abb. 3.73 Nutzungsabhängige vordefinierte Lüftung nach Norm

3.5 Betriebsenergie – Energiebilanz

Um die Wirkung der passiven Strategien zu überprüfen, mögliche reduzierende Wechselwirkungen zu identifizieren und den resultierenden verbleibenden Energiebedarf für Gebäude zu ermitteln, ist das Erstellen der Energiebilanz unumgänglich. An der einen oder anderen Stelle wird bei der Simulation passiver Strategien in Abschn. 3.4 bereits auf die numerischen Werte für wahlweise den Heiz- oder Kühlbedarf hingewiesen oder die Werte werden zur Beurteilung des Einflusses der angewandten Strategien wie Lüftungsweisen oder Zonierungen als Parameter gewählt. Grundsätzlich ist das Erstellen einer Energiebilanz für das Ermitteln der Innenraumparameter die Grundvoraussetzung. Dabei ist irrelevant, ob die zu analysierenden Strategien anhand des thermischen Komforts, der Innenraumtemperaturen oder des Heiz-, Strom-, Kühlbedarfs bewertet werden. Für alle genannten Parameter wird eine thermisch-dynamische Simulation benötigt. Für das Erstellen des *Grasshopper*-Skripts zur einfachen thermisch-dynamischen Simulation in Abb. 3.74 ist neben den Wetterdaten und dem zonierten, konditionierten Geometriemodell die Komponente *HB Model to OSM* erforderlich. Zum Auslesen der Daten wird die Komponente *HB Read Room Energy Result* oder wahlweise die Komponente *Hb End Use Intensity* verwendet. Während Letztere die numerischen Werte für den Jahresheizwärmebedarf, den Jahreskältebedarf, den Strombedarf für Beleuchtung, den Strombedarf

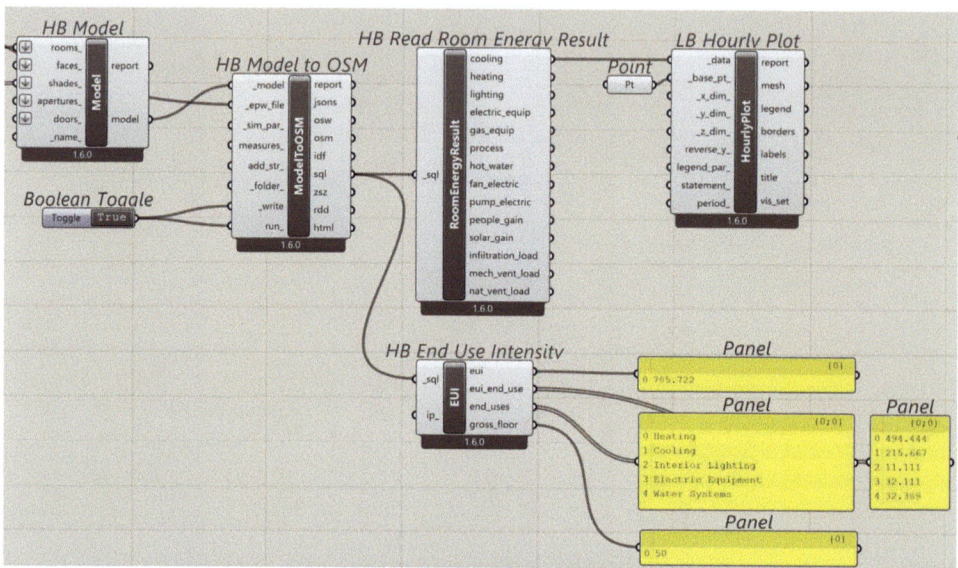

Abb. 3.74 *Grasshopper*-Skript für eine grundlegende Energiesimulation

für elektrische Geräte und die Brauchwassererwärmung in kWh/m² anzeigt, kann die Komponente *HB Read Room Energy Result* weitere Parameter wie z. B. den Wärmeverlust durch die Gebäudehülle oder die solaren Gewinne ausgeben. Zur Visualisierung kann ein Diagramm wie z. B. ein *LB Hourly Plot* in Abb. 3.75 jeweils die einzelnen Energiebedarfe in ihrer Intensität im Verlauf über das Jahr abbilden. In diesem Fall ist für jeden zu visualisierenden Parameter ein eigenes Diagramm erforderlich, wie in Abb. 3.76 ganz rechts zu sehen. Dieses *Grasshopper*-Skript kann die Basis für grundlegende Entwurfsentscheidungen wie z. B. Orientierung des Baukörpers (vgl. Abschn. 2.3.4) oder die Maximierung oder Minimierung solarer Gewinne (vgl. Abschn. 2.3.6) sein.

Eine weitere Möglichkeit für die Darstellung der gesamten differenzierten Energiebedarfe in einem Diagramm ist die Energiebilanz. Um eine jährliche Energiebilanz zu erstellen, wird neben den Wetterdaten und dem zonierten, konditionierten Modell die Komponente *Hb Annual Loads* verwendet. Das *Grasshopper*-Skript in Abb. 3.77 wird durch die Visualisierung mithilfe eines *LB Monthly Chart* komplettiert. Im Ergebnis werden die auftretenden Energiebedarfe und Energiegewinne als gestapeltes Säulendiagramm in Abb. 3.78 ausgewiesen.

3.5 Betriebsenergie – Energiebilanz

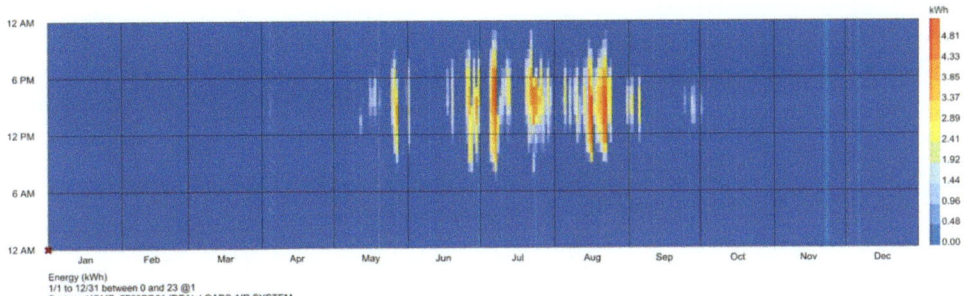

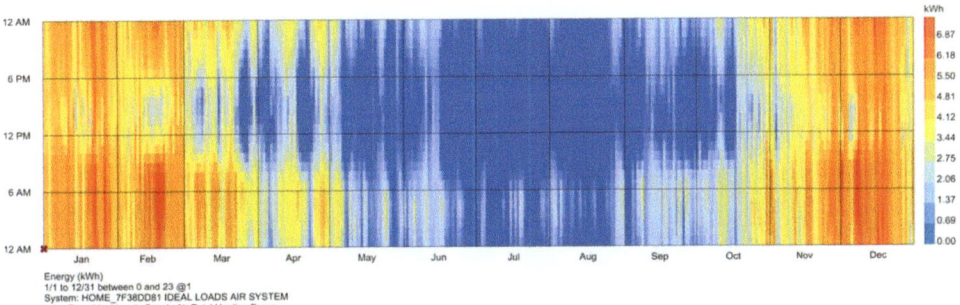

Abb. 3.75 Visualisierung des Heiz- und Kühlbedarfs

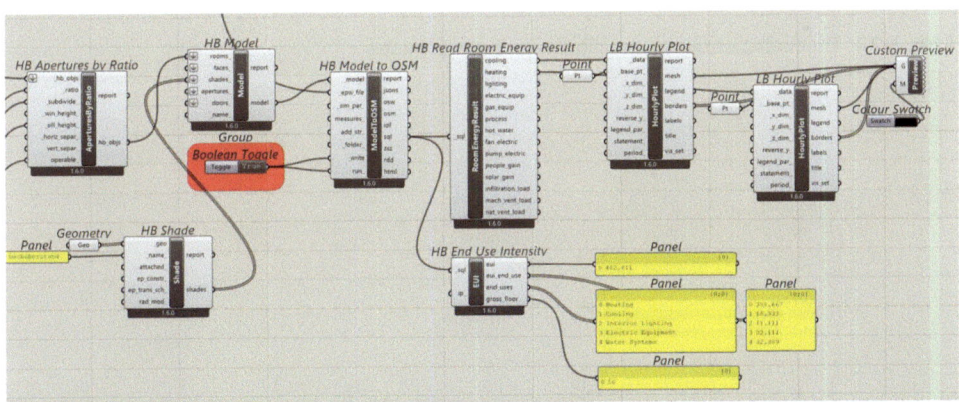

Abb. 3.76 *Grasshopper*-Skript inklusive Diagramm

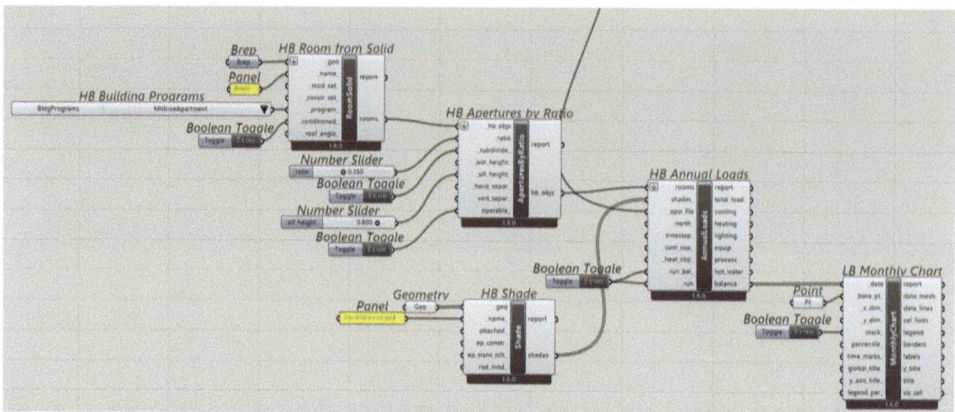

Abb. 3.77 *Grasshopper*-Skript für eine jährliche Energiebilanz

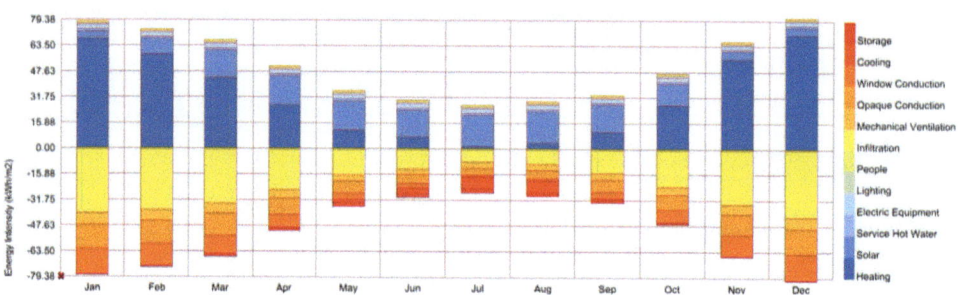

Abb. 3.78 Ergebnisdarstellung der jährlichen Energiebilanz

Fazit 4

> **Zusammenfassung**
>
> Das Fazit zur Integration thermisch-dynamischer Simulation in den Entwurfsprozess von Gebäuden zeigt sowohl die noch bestehenden Unsicherheiten in Bezug auf Datenverfügbarkeit, Datenqualität aber auch Nutzerinteraktion, den Ablauf von Planungsprozessen und eine notwendige kritische Reflexion der Simulationsergebnisse als auch die gleichwohl entstehenden Potenziale des integrierten Entwurfsprozesses auf. Nur, wenn die vorhandenen Chancen auf Synergien und ganzheitliche Konzepte nutzbar gemacht werden, kann eine zukunftsfähige Architektur entstehen.

4.1 Unsicherheiten

4.1.1 Daten und Unsicherheiten

Um ein Gebäudemodell für eine thermisch-dynamische Simulation zu erstellen, sind mehrere Eingabeparameter Grundvoraussetzung, damit die Simulation überhaupt ausgeführt werden kann. Dazu zählen neben den Standort- und Wetterdaten, der späteren Nutzung des Gebäudes und der Gebäudegeometrie, die oft im Vorentwurfsstadium bereits feststehen, ebenso Angaben zur Konstruktion, zum Verglasungsanteil der Fassade und zur inneren Zonierung der Grundrisse. Diese Parameter unterliegen gerade im Vorentwurf oft noch Veränderungen, sodass hier mit Annahmen gearbeitet werden muss. Zugleich bilden genau diese Parameter die Grundlage für die Potenziale zur Erhöhung der Behaglichkeit und der Energieeffizienz. Nicht selten wird an dieser Stelle eine Parametrisierung mit der Simulation verknüpft, um die bestmöglichen Kombinationen für ein maximales Ergebnis zu erzielen. Beim Modellieren von Bestandsgebäuden bestehen oft die größten

Unsicherheiten in der tatsächlich vorhandenen Konstruktion der Gebäudehülle, eventuell bereits umgesetzten einzelnen Sanierungsmaßnahmen und den vorhandenen Gebäudesystemen. Eine weitere Unsicherheit bleibt die Datenqualität. Bereits zur Verfügung stehende Daten, wie z. B. Wetterdaten enthalten – je nach Quelle – variierende Angaben und sind nicht immer lückenlos. Zudem kann das vorherrschende Mikroklima am Standort des zukünftigen Gebäudes stark von der Lage der Wetterstation abweichen, als Beispiel wäre hier eine Innenstadtlage im Vergleich zu einem Flughafen genannt. Ein versierter Planer kann die Wetterdaten entsprechend dem Standort anpassen (wie in Abschn. 3.3.1 beschrieben) – allerdings muss der Nutzer der Gebäudesimulation sich zunächst der Abweichung bewusst sein, um diese zu korrigieren. Hier gilt es, die vorliegenden Datensätze auf Vollständigkeit und Korrektheit zu überprüfen. Ebenso herausfordernd ist die Berücksichtigung der Nutzerinteraktion mit dem Gebäude. Basierend auf der Normung sind in Energiesimulationstools standardisierte Nutzungsprofile hinterlegt (siehe Abschn. 2.3.8), die Informationen zum Heizungs-, Kühl- und Lüftungsverhalten sowie zur Nutzungsdauer und -intensität beinhalten; jedoch zeigt die Erfahrung, dass ein vom Standard abweichendes Nutzerverhalten einen großen Einfluss auf die tatsächliche energetische und thermische Performance von Gebäuden haben kann [43].

4.1.2 Kritische Reflexion der Ergebnisse

Die kritische Reflexion der Ergebnisse kann als Validierung mithilfe vorliegender Messdaten erfolgen, z. B. aus Verbrauchsabrechnungen oder Monitoring von Bestandsgebäuden. Für Neubauprojekte ist eine alternative Möglichkeit der Vergleich mit Kennwerten von Referenzgebäuden gleicher Nutzungsart und Konstruktion. So lassen sich größere Abweichungen im Basismodell der Simulation feststellen und korrigieren, bevor Szenarien mit veränderten Parameters zur Optimierung simuliert werden. Andernfalls könnte die Wirkung der Optimierungsstrategien viel größer oder kleiner im Ergebnis ausfallen als auf Basis der vorliegenden tatsächlichen Situation möglich wäre und die vorhandenen Potenzialen blieben ungenutzt. Auf diesem Wege lassen sich ebenso die genannten Unsicherheiten identifizieren, indem plötzlich zutage tretenden Abweichungen vom kennwertbasierten Bedarf durch eine detaillierte Analyse Ursachen zugeordnet werden.

4.1.3 Integrale Planung

Die in diesem Buch beschriebenen Potenziale der digitalen Tools können letztendlich im Entwurfsprozess nur erarbeitet werden, wenn der Planungsprozess dies durch seine Struktur erlaubt. Dies geht über ein integrales Planen aller am Projekt beteiligten Personen und Gruppen hinaus und umfasst bereits in einer den Leistungsphasen 1 bis 8 vorgeschalteten Leistungsphase Null Abstimmungen zur Zielsetzung des Projektes, den einzelnen Aspekten der Nachhaltigkeit und ersten Analysen zu den spezifischen Bedingungen des Ortes [44].

4.2 Potenziale

4.2.1 Zukunftsfähige und robuste Architektur

Eines der wichtigsten Potenziale von gebäudebezogener Energiesimulation ist die Stärkung der Kernkompetenz der Architekten in zukunftsfähiger Architektur durch den numerischen Nachweis von Nachhaltigkeitskonzepten im Entwurf. Bisher in Piktogrammen und Skizzen erläuterte Ideen zur Energieeffizienz und zur Erhöhung des thermischen Komforts basierend auf der Anwendung passiver Strategien können mittels digitaler Tools im Entwurfsprozess in ihrer Wirkungsweise quantifiziert werden. Der gezielte Einsatz solarer Gewinne zur Erwärmung der Gebäude oder die Reduktion der Innenraumtemperaturen durch Verdunstungskühlung werden greifbare Komponenten eines Entwurfs. Sie erzeugen eine Robustheit gegenüber Klimaveränderungen, die vor allem vor dem Hintergrund der aktuell schwindenden Energieverfügbarkeiten durch kein gebäudetechnisches System aufzuwiegen ist.

4.2.2 Ganzheitliche Konzepte

Digitale Tools im Entwurf erweisen sich als interdisziplinär und können die Konzepte diverser am Projekt beteiligter Disziplinen miteinander vereinen, um sich gegenseitig einschränkende Wirkungen rechtzeitig zu identifizieren und zu verhindern. Der Fokus kann im Maßstab von einer Strategie, z. B. dem natürlichen Lüftungskonzept über den Geschossmaßstab, z. B. der thermischen Grundrisszonierung über das gesamte Gebäude bis hin zum Quartiersmaßstab oder auf Stadtebene (siehe Abschn. 2.3) sich erstrecken.

Dabei betrachten dynamische Simulationen das Verhalten der Gebäude über den Jahresverlauf – für jede einzelne Stunde im Jahr, sodass gezielte Maßnahmen zur Stabilisierung des thermischen Komforts in der Simulation zum einen auf ihre zielführende Wirkung in problematischen Zeiträumen; zum anderen auf mögliche unerwünschte Wechselwirkungen in anderen Zeiträumen oder Jahreszeiten überprüft werden können.

In Abschn. 4.1.1 noch als Herausforderung klassifiziert, ist das gleichzeitige Untersuchen des Einflusses mehrerer Parameter in komplexen Simulationsmodellen ein großes Potenzial, das kaum über andere Methoden abgedeckt wird. So kann z. B. im tropischen Kambodscha die Kombination aus klimazonenfremdem Materialkonzept mit hoher thermischer Speichermasse mit lokalen natürlichen Lüftungs- und Verschattungsstrategien zu

Abb. 4.1 Schule, Smiling Gecko Campus, Kambodscha [45]

einer erheblichen Verbesserung des Innenraumkomforts eines Schulgebäudes führen, da die massive Bauweise die solare Strahlung und die Hitze für einige Stunden nach den Tagesstart vom Klassenraum fernhält, sodass ideale Lernbedingungen für die Schüler entstehen. Sobald die hohen internen Wärmegewinne durch die hohe Nutzeranzahl und die Außenluftwärme sich vereinen, sorgen Kaminlüftungseffekte für einen effektiven Abtransport der Wärme und eine ständige leichte Zufuhr von Frischluft durch die Fenster. Ein Modellbild aus dem Projekt in Abb. 4.1 zeigt die Mauerwerk-Wände in Kombination mit den großen Dachüberständen und den Abluftöffnungen im Dach. Diese Bauart ermöglicht einen Schulbetrieb ohne die zwingende Notwendigkeit einer mechanischen Klimaanlage. Durch die mit digitalen Tools mögliche Parameterkombination entstehen folglich neue Bauweisen für angepasste zukunftsfähige Gebäude, die auch unter Klimaveränderungen den Nutzern noch Behaglichkeit und Komfort bieten können. Lernen aus anderen Klimazonen und aus der vernakulären Architektur pre-fossiler Zeiten wird uns in den kommenden Jahrzehnten in unserem Ringen um resiliente, zukunftsfähige Architektur begleiten, die den vielfältigen Krisen widerstehen und uns Menschen eine geschützte und behagliche Umgebung bieten kann.

Teil II
Zukunftsfähige Quartiere

Der zweite Teil des Buches von **Arno Schlüter** befasst sich mit der Rolle von Quartieren im Kontext von Energieverbrauch und Emissionen. Die Herausforderungen und Chancen der Stadtplanung bei der Integration einer nachhaltigen Entwicklung durch Verdichtung, klimafreundliche Konzepte und erneuerbare Energien werden diskutiert. Als methodischer Ansatz wird Urban Building Energy Modeling (UBEM) vorgestellt, das als Werkzeug zur Simulation von Energieströmen, Emissionen und deren Abhängigkeiten Architekten und Planer bei der Optimierung städtischer Energiekonzepte unterstützt. Der City Energy Analyst (CEA), ein open-source UBEM-Tool zur Modellierung und Analyse von Gebäuden und Quartieren, wird vorgestellt, seine wesentlichen Modelle und Funktionalitäten vorgestellt und Anwendungsbeispiele aus Praxis und Forschung gegeben.

Gebäude und Energie in der Stadt 5

> **Zusammenfassung**
>
> Das Kapitel beleuchtet die zentrale Rolle von Gebäuden in urbanen Räumen in Bezug auf Energieverbrauch und Emissionen. Angesichts der fortschreitenden Urbanisierung und Verdichtung tragen Städte weltweit erheblich zu den CO_2-Emissionen bei, wobei der Gebäudesektor eine bedeutende Rolle spielt. Eine zukunftsfähige Stadtplanung muss sich nicht nur an den steigenden Energiebedarf anpassen, sondern auch Lösungen zur Emissionsminderung entwickeln, z. B. durch Nachverdichtung, klimafreundliche Gebäudekonzepte, Integration von erneuerbaren Energiesystemen und urbaner Vegetation. Wichtig für den Entwurf von zukunftsfähigen Gebäuden und Stadtquartieren ist eine Systemsicht unter Berücksichtigung der Wechselwirkungen zwischen den verschiedenen Faktoren.

5.1 Zukunftsfähige Städte und Quartiere

Seit Beginn dieses Jahrhunderts leben mehr als 50 % der Weltbevölkerung in Städten [46]. Es wird angenommen, dass bis zur Mitte des Jahrhunderts dieser Anteil auf 70 % steigen wird. In Ländern wie der Schweiz leben bereits heute über 80 % der Bevölkerung in städtischen Gebieten. Die Anziehungskraft der Stadt als ‚sozialer Verdichter', als Kern gesellschaftlicher Entwicklung ist weltweit ungebrochen. Dies spiegelt sich auch in der Konzentration des Ressourcenverbrauchs wider. Bereits heute werden 80 % der globalen CO_2-Emissionen in urbanen Räumen verursacht. Wie eine Studie von [47] zeigt, haben Gebäude in vielen Städten einen großen Anteil an den Treibhausgasemissionen (siehe Abb. 5.1). Daraus lässt sich ableiten, dass für die Dekarbonisierung und den Umbau

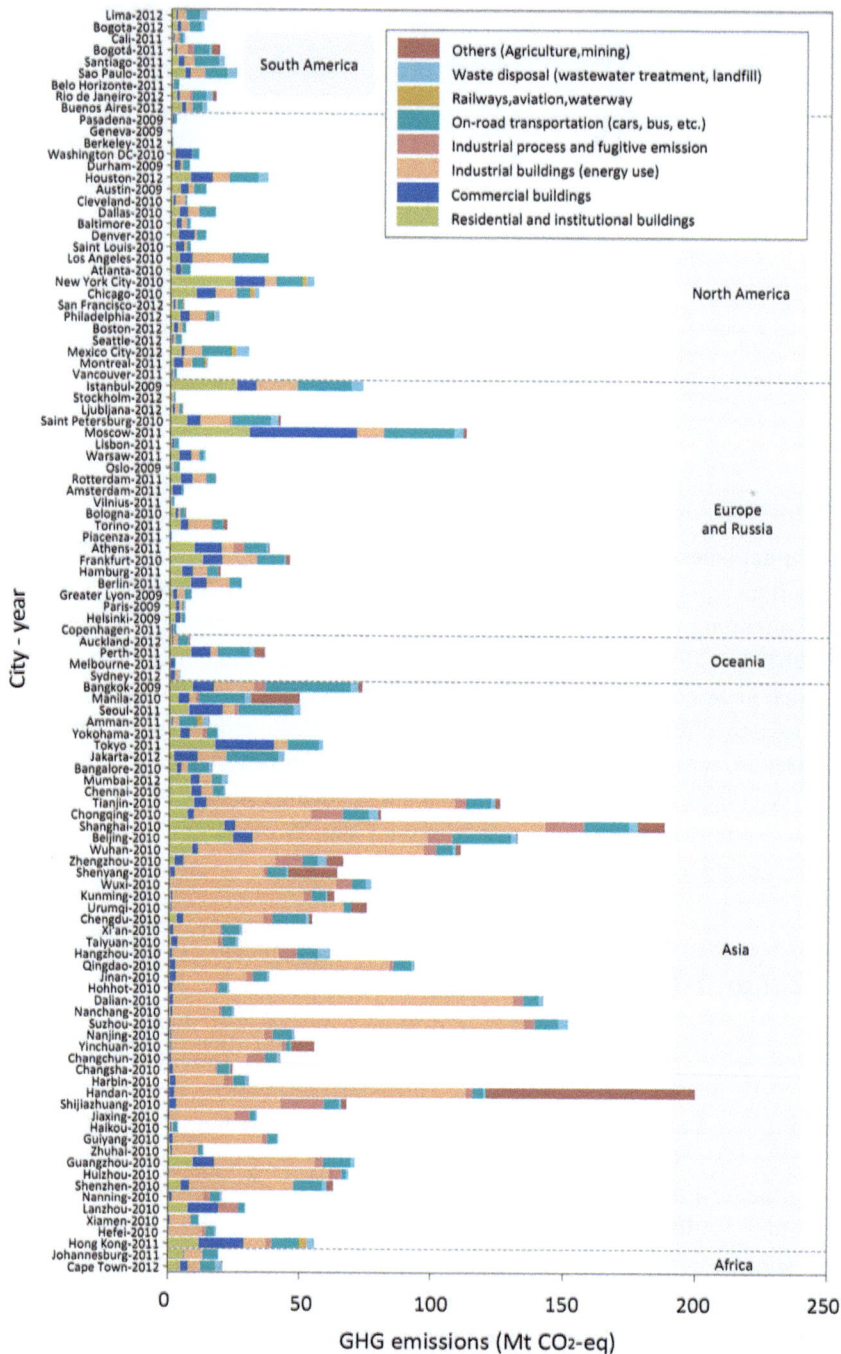

Abb. 5.1 Beitrag verschiedener Sektoren zu den Treibhausgasemissionen von Städten weltweit [47]

unseres Energiesystems der urbane Raum von großer Bedeutung ist und insbesondere die Gebäude in der Stadt eine zentrale Rolle spielen.

Die Notwendigkeit, Wohn- und Lebensraum für viele Menschen auf wenig Fläche zu schaffen, führt zu einer höheren Dichte in städtischen als in ländlichen Regionen. Die am dichtesten besiedelten Städte der Welt liegen in Asien, z. B. Hongkong oder Shenzhen, in Europa sind es Städte wie Paris und Madrid. Um das notwendige Wachstum zu bewältigen, ist in vielen Städten Nachverdichtung das Mittel der Wahl, um möglichst viele Einwohner auf möglichst wenig Fläche unterzubringen.

Eine hohe Dichte stellt aber nicht nur höhere Anforderungen an Infrastruktur, Versorgung und Verkehr, sie verschärft auch die Auswirkungen der bereits messbaren und sichtbaren Klimaveränderungen. Ein bekannter Effekt sind so genannte urbane Hitzeinseln, oder ‚urban heat islands', in denen die Temperatur vor allem nachts deutlich höher ist als in der ländlichen Umgebung. Sie entstehen, wenn Straßen und Gebäude tagsüber Wärme speichern und diese mangels guter Durchlüftung nur langsam wieder abgeben. Bereits heute übersteigt in der Schweiz die Zahl der hitzebedingten Todesfälle die Zahl der Todesfälle im Straßenverkehr [48]. Hohe Temperaturen über längere Zeiträume können die Gesundheit und das Wohlbefinden der Menschen erheblich beeinträchtigen. Ab 25°C steigt die Sterblichkeit deutlich an [48]. Besonders gefährdet sind vulnerable Personen, z. B. ältere und kranke Menschen.

Da die Gesellschaften der Industrienationen im Durchschnitt immer älter werden, ist ein immer größerer Anteil der Bevölkerung betroffen. Die Verschmutzung der Außenluft, z. B. durch Verkehr oder Wärmeerzeugung, schränkt zudem die Möglichkeiten der natürlichen Belüftung ein. Beides, Wärme und Luftverschmutzung, führt zu einem höheren Energieaufwand, um ein gutes Innenraumklima in Gebäuden in der Stadt zu erreichen. Dieser Energieaufwand trägt wiederum zur weiteren Erwärmung der Stadt bei. Besonders deutlich wird dies in dichten, tropischen Städten, in denen die Rückkühlung durch Klimaanlagen zur weiteren Erwärmung des Außenraums beiträgt [49].

Zukunftsfähige Gebäude in urbanen Räumen spielen daher nicht nur eine wesentliche Rolle bei der Emissionsreduktion und damit bei der gewaltigen Aufgabe der Dekarbonisierung. Bei deren Planung muss bereits heute die Anpassung an den Klimawandel eingeplant werden, um Gesundheit und Wohlbefinden in der Stadt zu sichern.

5.2 Der urbane Kontext

Durch die fortschreitende, globale Urbanisierung spielen Gebäude in der Stadt eine wichtige Rolle bei der Transformation des Energiesystems, bei der Dekarbonisierung, aber auch bei der bereits notwendigen Anpassung an den Klimawandel. Gebäude in der Stadt unterliegen größeren Herausforderungen als Gebäude im ländlichen Raum, sie bieten aber auch Potenziale für nachhaltige und wirtschaftliche Lösungen. Worin unterscheidet sich nun die Betrachtung von Gebäuden in der Stadt von einzelnen Gebäuden auf dem Land? Im Folgenden werden verschiedene Aspekte der Stadt als Kontext und deren Auswirkungen auf Gebäude dargestellt.

5.2.1 Wechselwirkungen zwischen Gebäuden

Aufgrund der erhöhten Dichte und der städtischen Infrastruktur kommt es zu Wechselwirkungen zwischen den Gebäuden in der Stadt. Dies beginnt bei der Geometrie: Benachbarte Gebäude können sich z. B. gegenseitig beeinflussen, insbesondere wenn vertikal verdichtet wird. In vielen Städten gibt es daher Planungsregeln, die den Schattenwurf eines Gebäudes auf andere begrenzen. Die Verschattung untereinander hat z. B. Einfluss auf die Potentiale solarer Energiegewinnung der Gebäude. Aber auch die Mischung unterschiedlicher Gebäudenutzungen in der Stadt, die Nähe von Wohnen, Arbeiten und gewerblicher Nutzung beeinflusst die Art und Dynamik des Energiebedarfes der Gebäude. Das Wissen um diese Eigenschaften kann zu einer effizienteren Energienutzung beitragen. Erneuerbare Energie, z. B. solare Wärme oder Strom, die in einem Gebäude erzeugt wird, weil gut besonnte Flächen zur Verfügung stehen, kann auch in einem benachbarten Gebäude genutzt werden. Abwärme, die bei der Nutzung eines Gebäudes entsteht, kann von einem anderen Gebäude genutzt werden. Einige Städte, wie z. B. London, stellen Informationen über das Abwärmepotential in der Nachbarschaft auf Karten zur Verfügung [50]. Das Forschungsprojekt ‚Quartiersstrom' [51] geht noch einen Schritt weiter: Hier bilden die Gebäude einen Marktplatz, auf dem lokal erzeugter Strom untereinander gekauft und verkauft werden kann. Durch die Betrachtung der Wechselwirkungen zwischen den Gebäuden können so Synergien entdeckt und genutzt werden, die helfen, die Nutzung von Energie effizienter zu gestalten.

5.2.2 Mikroklima

Die Begriffe Mikroklima oder Stadtklima beziehen sich auf die klimatischen Verhältnisse in städtischen Gebieten, die sich deutlich von denen im weniger dicht bebauten Umland unterscheiden können. Diese Unterschiede beruhen auf der unterschiedlichen Beschaffenheit der Bodenoberflächen und ihrer Versiegelung, der Dichte der Bebauung und Infrastruktur sowie den menschlichen Aktivitäten in der Stadt, z. B. durch Verkehr oder Industrie. Vor dem Hintergrund des Klimawandels gewinnt die Betrachtung des städtischen Mikroklimas für die Stadtplanung, die urbane Architektur und deren ökologische Nachhaltigkeit zunehmend an Bedeutung. Durch die thermische Speicherwirkung der Gebäudemasse und Infrastruktur und die eingeschränkte Durchlüftung wird tagsüber Wärme gespeichert, die zu einem späteren Zeitpunkt über die Oberflächen wieder in den Stadtraum abgegeben wird. Dies führt insbesondere in der Nacht zu höheren

Temperaturen im Vergleich zu den ländlichen, weniger dicht bebauten Regionen am Rande der Stadt [52]. In einer Stadt wie Zürich kann der Temperaturunterschied zwischen dicht bebauten und weniger dicht bebauten Stadtgebieten mit einem größeren Anteil an Vegetation in einer Sommernacht bis zu 6–7°C betragen. Das Mikroklima und solche städtischen Hitzeinseln verändern auch den Wärme- und Kühlbedarf der angrenzenden Gebäude. Um auch in den länger werdenden Wärmeperioden ein gesundes und behagliches Raumklima zu gewährleisten, müssen Gebäude in dicht bebauten Städten zukünftig stärker gekühlt werden. In Städten der gemäßigten Klimazonen hingegen verfügen insbesondere ältere Gebäude, Büros und Wohnungen, die den Großteil der Bausubstanz darstellen, nicht über eine Gebäudekühlung. Neben dem hohen Installationsaufwand und den damit verbundenen Kosten stellen sich Fragen der Baukultur und des Denkmalschutzes. Nicht zuletzt besteht die Gefahr eines Rebounds: Nach jahrzehntelangen Bemühungen, den Energiebedarf von Gebäuden zu senken, droht nun ein erneuter Anstieg durch die Gebäudekühlung.

5.2.3 Vegetation und Biodiversität

Die Förderung der Grünraume in der Stadt ist in vielen Städten in den Jahren zu einem wesentlichen Bestandteil der nachhaltigen Stadtentwicklung geworden. Als Beispiel wird hier oft Singapur genannt, welches sich als ‚city in a garden' vesteht, und in den letzten Jahren Regeln für die Stadtplanung erlassen hat, die den Grünflächenanteil um und an Gebäuden erhöhen soll (Landscaping for Urban Spaces and High-Rises (LUSH), siehe Abb. 5.2 [54]. Neben der klassischen Infrastruktur gewinnt die ‚blau-grüne' Infrastruktur in den Städten zunehmend an Bedeutung. Dazu gehören insbesondere Wasser- und Vegetationsflächen im städtischen Umfeld. Sie schaffen Rückzugsräume und Lebensqualität für die Stadtbewohner, tragen zum Erhalt der Biodiversität in der Stadt bei und leisten wertvolle Dienste bei der Bekämpfung und Abmilderung der Auswirkungen des Klimawandels. Parks, Gründächer, begrünte Fassaden und Stadtbäume wirken Hitzeinseln entgegen, da in Vegetationsflächen weniger Wärme gespeichert wird und weniger Wasser verdunstet. Städtische Flora und Fauna tragen dazu bei, Gebäude, Straßen und Plätze im Sommer zu verschatten. Die Verdunstungskühlung durch Vegetation um und an Gebäuden kann neben einem kühleren Mikroklima dazu beitragen, dass z. B. Solarmodule im Sommer weniger heiß werden und mehr Strom produzieren. Zwischen urbaner Vegetation und anderen Flächennutzungen wie z. B. der Energiegewinnung können auch Konflikte entstehen. Stadtbäume können durch ihre Verschattung den Stromertrag von Photovoltaikmodulen an der Fassade reduzieren und müssen daher in Ertragssimulationen berücksichtigt werden. Aktuelle Forschung zeigt allerdings dass aus der Perspektive der Gesamtemissionen es sich oft nicht lohnt, Bäume zu fällen, um damit den Solarertrag an der Fassade zu erhöhen [53].

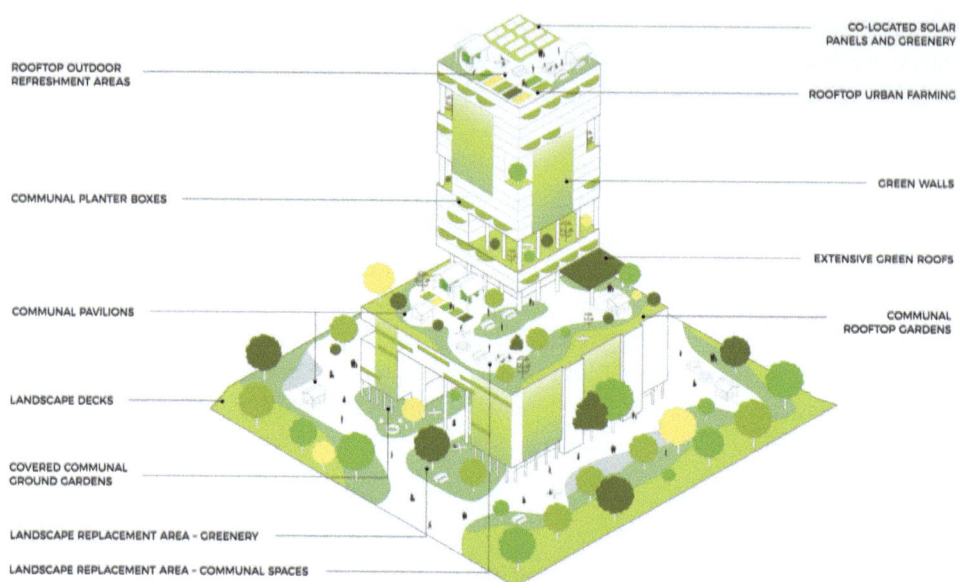

Abb. 5.2 LUSH Programm der Urban Redevelopment Authority (URA), Singapur [54]

5.2.4 Infrastrukturen und Netze

Infrastrukturen und Netze sind entscheidend für das reibungslose Funktionieren von Städten. Sie bieten die notwendige Ver- und Entsorgung mit Wärme, Kälte, Strom, Wasser, Kommunikation und Transport. Aufgrund der hohen Bebauungsdichte und der damit verbundenen ökologischen und ökonomischen Vorteile sind die Versorgungsnetze in verdichteten Siedlungsräumen besser ausgebaut als in ländlichen Regionen. Darüber hinaus spielen sie eine zentrale Rolle in der Umsetzung nachhaltiger Entwicklung in städtischen Gebieten. Wichtig für Gebäude in der Stadt sind insbesondere Fernwärme- und Kältenetze. Durch die Nutzung von Fernwärme aus zentralen Heizkraftwerken oder erneuerbaren Energiequellen können Gebäude ihre Abhängigkeit von fossilen Brennstoffen verringern und gleichzeitig ihre CO_2-Emissionen minimieren. Lund et al. [55] zeigen die Entwicklung von Fernwärme über vier Generation auf (Abb. 5.3). Heutige Fernwärmenetze operieren wesentlich effizienter und verwenden verschiedene, zunehmende erneuerbare Energieträger. Sie erfordern eine integrierte Planung und Zusammenarbeit zwischen den verschiedenen Akteuren wie Stadtplanung, Energiedienstleistern und Gebäudeeigentümern. Strom-, Wärme- und Kältenetze stehen dabei in direkter Wechselwirkung mit städtischen Gebäuden, deren Eigenschaften und Rolle als „Prosumer", d. h. als Energiekonsumenten und Energieproduzenten, an Bedeutung gewinnen. Im Umkehrschluss bedeutet dies, dass bei der Planung eines Gebäudes im städtischen Umfeld immer die Verfügbarkeit von Wärme, Kälte und Strom aus den vorhandenen Netzen berücksichtigt werden sollte.

5.2 Der urbane Kontext

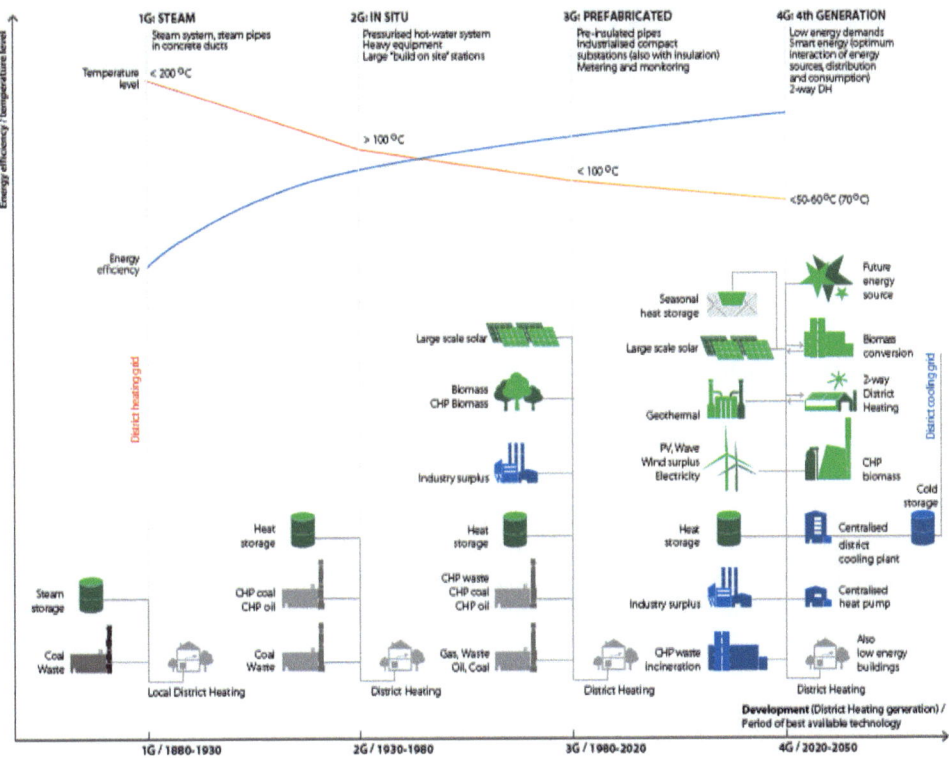

Abb. 5.3 Vier Generation Fernwärme im Vergleich [55]

In dichten tropischen Städten gewinnt die zentrale Kühlung von Gebäude über Distriktkältenetze (district cooling) an Bedeutung. Diese sind nicht nur wesentlich energieffizenter, sie erlauben es zudem, die begehrten Dachflächen von Gebäudetechnik freizuhalten, um sie als Erholungsraum, für die Produktion solarer Energie oder als urbane Gärten zu nutzen. Zudem kann der Eintrag von Wärme in den Stadtraum verringert werden. Wie [49] zeigen, können ansonsten Wärmeeinträge durch lokale Klimaanlangen in den Strassenraum die Temperatur maßgeblich erhöhen, was wiederrum, neben der Hitzebelastung für die Bewohner, den Energiebedarf für die Kühlung der Gebäude erhöht.

5.2.5 Mobilität und Transport

Gebäude und Mobilität bzw. Transport sind direkt miteinander verbunden. Nicht nur entscheidet die Erreichbarkeit von Gebäude wie und wann diese genutzt werden, auch geben die verschiedenen Gebäudenutzungen den Mobilitäts- bzw. Transportbedarf vor. Nachdem Städte in den vergangenen Jahrhunderten oft in funktionale Zonen aufgeteilt wurden, wird heute vor allem die Nutzungsmischung als wichtige Vorraussetzung für eine lebenswerte und nachhaltige Stadt verstanden. Konzepte wie z. B. die „15-Minuten Stadt" [56] zielen darauf ab, eine Stadt zu schaffen, in der alle wesentlichen Bedürfnisse der Bewohner (Arbeit, Wohnen, Einkaufen, Freizeit, etc.) innerhalb eines 15-minütigen Fuß- oder Fahrradweges erreichbar sind. Dies soll die in vielen Städten nach wie vor dominante Abhängigkeit vom Auto oder öffentlichen Verkehrsmitteln verringern und damit die Luftverschmutzung reduzieren, Zeit einsparen und lokale Zentren stärken. Für urbane Energiesysteme bieten solche Konzepte den Vorteil eines zeitlich und räumlich diverseren Energiebedarfes, d. h. die Chance, z. B. erneuerbar produzierte Energie räumlich und zeitlich besser zu verteilen und damit den Ausnutzungsgrad zu erhöhen und Synergien zu nutzen, z. B. für die Nutzung von Abwärme. Elektromobilität, d. h. die Nutzung von elektrisch betriebenen Fahrzeugen wie Bussen, Lastwägen oder Autos, trägt zwar nicht primär zu Verringerung des Mobilitätsbedarfes bei, hilft aber, die Emissionen im Betrieb und damit die Luftverschmutzung und Lärmbelastung in der Stadt zu reduzieren. Aus energetischer Sicht ist es interessant, in wie weit die Batterien von Elektrofahrzeuge für das Speichern von erneuerbarer Energie verwendet werden können, z. B. um überschüssigen Solarstrom zu speichern und diesen an anderen Orten zur Verfügung zu stellen. Aktuelle Studien gehen von einem interessanten Potential aus [57], auch wenn diese stark von der jeweiligen Nutzung der Fahrzeuge abhängt.

5.2.6 Urbane Minen

Während in den Industrieländern der Anteil der Betriebsenergie und -emissionen durch die verschärften Anforderungen der letzten Jahrzehnte rückläufig sind, gewinnen die grauen Emissionen der verwendeten Baumaterialien an Bedeutung. Nachhaltige Ansätze für Gebäude mit geringeren Gesamtemissionen ersetzen Materialien mit hohen Erstellungsemissionen durch z. B. biobasierte, recycelte oder sogar kohlenstoff-negative Materialien. Diese benötigen in der Herstellung deutlich weniger CO_2, oder, im Falle kohlenstoffnegativer Materialien, können Kohlenstoff aus der Umwelt im Baustoff einlagern, d. h. im Gebäude dauerhaft speichern [58].

Als „urbane Mine" verstanden, wird der Gebäudebestand in der Stadt selber zu einer wichtigen Ressource. Durch Wiederverwertung und Recycling können Abfälle minimiert und Umweltauswirkungen reduziert werden. Für die Ermittlung des Energiehaushalts von Gebäuden bedeutet dies, dass Bauteil- und Materialeigenschaften, z. B. deren Wärmedurchgang, schwerer abgeschätzt werden können. Nicht nur für Neubauten, auch für die gesamtheitliche Bewertung von Umnutzungen, Erweiterungen oder Umbauten ist es wichtig, die Betriebs- mit den Erstellungsemissionen zu vergleichen. Sonst kann es geschehen, dass die Verringerung der Betriebsenergie bzw. der Betriebsemission durch einen hohen Materialaufwand, d. h. durch hohe Erstellungsemissionen erkauft wird, welcher sich über den Lebenszyklus der Komponenten nicht mehr einspielen lässt.

6 Modellierung und Simulation von Gebäuden in der Stadt

Zusammenfassung

Dieses Kapitel stellt Urban Building Energy Modeling (UBEM) vor, eine Methode zur Simulation und Analyse des Energiebedarfs und der Energieversorgung in Städten. UBEM-Modelle bilden Energieflüsse und Wechselwirkungen zwischen Gebäuden ab, um Energieverbrauch, Emissionen und Nutzerkomfort zu analysieren und zu optimieren. Die Anwendung von UBEM wird anhand von Anwendungsbeispielen erläutert und die Grundprinzipien der Modellierung, die wichtigsten Parameter und Ausgabemetriken werden erklärt. UBEM ist ein wichtiges Planungsinstrument für Architekten, Stadtplaner und Energieexperten, um nachhaltige und integrierte Lösungen für den städtischen Raum zu entwickeln.

6.1 Energie und Emissionen von Gebäuden

Urbane Energiesimulation, im Englischen ‚Urban Building Energy Modeling (UBEM)', befasst sich mit dem Entwurf und der Analyse urbaner Energiesysteme. Konkret geht es bei der urbanen Energiesimulation um die Modellierung und Simulation des Energiebedarfs und der Energieversorgung von Gebäuden in urbanen Räumen. Auf die Bedeutung des städtischen Kontextes wurde bereits im vorangegangenen Kapitel hingewiesen. Ziel eines UBEM ist nicht nur die Quantifizierung, d. h. die Berechnung der benötigten oder erzeugten Energiemenge, sondern vor allem ein besseres Verständnis der Wechselwirkungen zwischen verschiedenen Parametern, wie z. B. zwischen der Beschaffenheit eines Konstruktionsbauteils und den daraus resultierenden Konsequenzen für Energiebedarf und Versorgung. Ein Beispiel hierfür ist die Wechselwirkung zwischen der Gebäudehülle und der Wärmeversorgung des Gebäudes, die notwendig ist um die Wärmeverluste an einem kalten Wintertag auszugleichen. Ein weiteres Beispiel ist die Wechselwirkung zwischen der Form eines Gebäudes in seiner gebauten Umgebung und dem möglichen Solarstromertrag. Um die Ergebnisse einer Simulation einordnen zu können, ist es wichtig zu wissen, welche Frage mit dem Modell beantwortet werden soll, wie es dafür aufgebaut sein muss und welche Parameter relevant sind. Dieses Kapitel stellt die wesentlichen Grundprinzipien, Metriken und Parameter der urbanen Energiesimulation vor und illustriert deren Einsatz und Nutzen anhand ausgewählter Beispiele aus Forschung und Anwendung.

6.2 Was ist ein UBEM?

Wie jedes digitale oder analoge Modell ist auch ein Building Energy Urban Model (UBEM) ein vereinfachtes Modell der Realität, in diesem Fall der gebauten Umwelt. Ein UBEM beschreibt das Energiesystem eines oder mehrerer Gebäude, d. h. die passiven und aktiven Energieflüsse zwischen einem Gebäude und seiner Umgebung in einem urbanen Kontext. Ziel eines UBEM ist es, die Wechselwirkungen zwischen verschiedenen Parametern des Gebäudes, z. B. seiner Geometrie, seiner Konstruktion und seiner Umgebung, möglichst realitätsnah abzubilden. Mit einem solchen Modell sollen Fragen z. B. nach Energieverbrauch, Emissionen und Nutzerkomfort in Entwurfs- und Planungsfragen beantwortet werden können. Dazu müssen die für das Energiesystem relevanten Parameter im Modell abgebildet werden.

Eine Simulation durchzuführen bedeutet, die Parameter des Modells gemäß eines oder verschiedener Szenarien mit den für die jeweilige Fragestellung spezifischen Eingabewerten zu füllen. Die im Modell hinterlegten Berechnungen werden ausgeführt und die Ergebnisse dargestellt (siehe Abb. 6.1). Die Analyse der Ergebnisse erlaubt es dann, Konsequenzen für den Entwurf oder die Planung zu ziehen und integrierte, möglichst synergetische Lösungen zur Reduzierung des Energiebedarfs und der Emissionen zu entwickeln. Integrierte Lösungen berücksichtigen dabei neben Energie und Emissionen auch die städtebauliche Qualität, den architektonischen Ausdruck und den Nutzerkomfort.

Im Unterschied zur rein geometrischen Modellierung wie sie z. B. in GIS oder 3D-Programmen durchgeführt wird, oder der Modellierung der Energieinfrastruktur in Form von Strom- und Wärmenetzen, fokussiert ein UBEM auf die Gebäude und deren Wechselwirkungen mit anderen Gebäuden, seiner Umwelt und der städtischen Infrastruktur. UBEM ist ein in den letzten Jahren stark wachsendes Forschungsfeld, welches in den letzten Jahren viele interessante Ansätze und Tools hervorgebracht hat. Eine gute Übersicht über Ansätze, Methoden und Tools findet sich in den Publikationen von [59, 60].

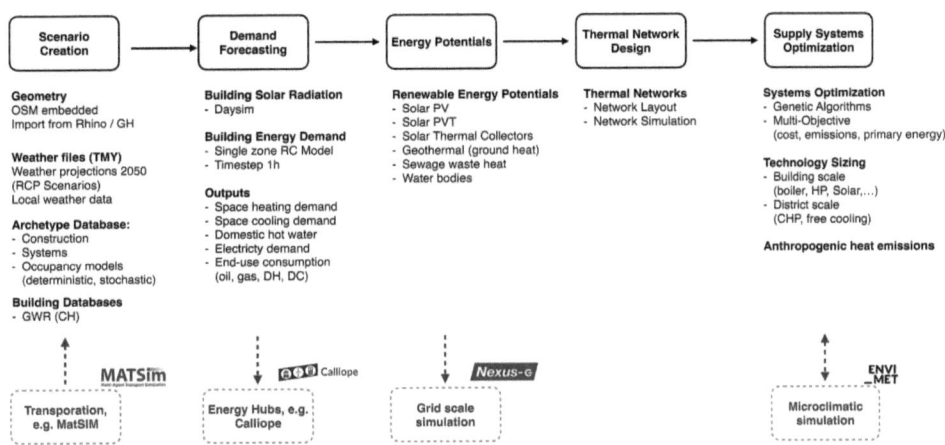

Abb. 6.1 Simulationsprozess eines UBEM am Beispiel des City Energy Analyst; Verknüpfungen zu Modellen und Simulation anderer Gebiete, z. B. Transport, Stromnetze oder Mikroklima

6.3 Wer nutzt UBEM tools?

Die Modellierung und Simulation von Gebäuden im urbanen Umfeld wenden sich an ein breites Feld von potentiellen Nutzern im Spannungsfeld zwischen Stadtplanung, Architektur, Energie und Infrastruktur.

Architekt*innen können UBEM als Methode verwenden, die Einflüsse des urbanen Umfeldes auf den Gebäudeentwurf und umgekehrt besser abzuschätzen, z. B. wo mittels solarer Einstrahlung Wärme und Strom verfügbar ist und ökologisch und ökonomisch produziert werden kann. Daraus lässt sich wiederum ableiten, wie ein Gebäude orientiert sein muss und wie seine Flächen am besten genutzt werden können. Auch der Anschluss an städtische Infrastrukturen wie z. B. Fernwärme oder -kälte, und deren Einfluss auf den Gebäudeentwurf, seinen Energiebedarf und seine Emissionen können abgeschätzt werden.

Stadtplaner*innen können UBEM verwenden, um z. B. die Wechselwirkungen zwischen Stadtentwicklung, Energiebedarf für Heizen und Kühlen sowie die damit verbundenen Emissionen und notwendigen Infrastrukturen besser abschätzen zu können. Auch Fragen der Stadtgestalt können untersucht werden, z. B. wie viele Geschosse eines Gebäudes oder Stadtteils mit welcher Nutzung zu welchem Anteil mit erneuerbaren Energien versorgt werden können.

Energieplaner*innen widmen sich mit der Hilfe von UBEM Fragen der optimalen Energieversorgung von Gebäuden mit Strom, Wärme und Kälte, z. B. durch Photovoltaik oder Fernwärme bzw. -kälte. Gebäude sind hier vor allem als Verbraucher von Bedeutung, aber auch ihr Verbrauch kann durch Sanierungsmaßnahmen oder Anpassungen der Wärmeerzeugung auf Gebäudeebene beeinflusst werden.

Entscheider*innen auf der Ebene der Gemeinden und Kommunen können UBEM einsetzen, um mögliche Auswirkungen von Normen und Vorschriften zu evaluieren, z. B. wie der verpflichtende Anschluss an ein Fernwärmenetz die CO_2 Emissionen eines Stadtquartiers beeinflusst, oder welche Energieeinsparungen zu erwarten sind, wenn Subventionen für bestimmte Massnahmen vergeben werden.

Forscher*innen, nicht zuletzt, verwenden und entwickeln UBEM unter anderem dazu, um die Interaktionen zwischen den verschiedenen Sektoren Gebäude, Energie und Mobilität besser zu verstehen [57], um die Auswirkungen des zukünftigen Klimas und Sanierungsstrategien auf Gebäude, Energie und Komfort quantifizieren zu können [61], sowie Strategien zu entwickeln, wie die Gesamtemissionen für Städte und Gebäude wirksam reduziert werden können [63].

6.4 Ansätze für UBEM

Für die Modellierung urbaner Gebäude, Quartiere und deren Energiesysteme werden verschiedene Ansätze verwendet. Grundsätzlich kann man zwischen ‚top-down' und ‚bottom-up' Ansätzen unterscheiden [59].

‚Top-down' Ansätze verwenden statistische Daten und Zusammenhänge zwischen gewissen Eigenschaften von Gebäuden oder Distrikten und leiten daraus z. B. den Energieverbrauch ab. Ein Beispiel hierfür ist die Verwendung des Gebäudealters für die Ableitung des Energieverbrauches. ‚Top-down' Ansätze benötigen im Allgemeinen weniger Eingabedaten, sind aber oft von geringerer räumlicher und zeitlicher Auflösung. Sie können nur eingeschränkt Aussagen über zukünftige Entwicklungen treffen, da sie auf Zusammenhängen aus der Vergangenheit beruhen.

Im Gegensatz dazu, berechnen ‚bottom-up' Modelle jedes einzelne Gebäude mittels unterschiedlicher Verfahren, die mehr oder weniger detailliert sind. Auch hier können statistische Verfahren, die z. B. Messdaten verwenden, für die datengestützte Modellierung verwendet werden. Alternativ können physik-basierte Modelle verwendet werden, die entweder detaillierte Modelle der Gebäudekonstruktion, -technik und thermischer Zonen oder vereinfachte dynamische Modelle, z. B. Widerstands-Kondensator-Modelle (RC) für die Berechnung des individuellen Energieverbrauches verwenden. Je nach Detaillierungsgrad benötigen physik-basierte ‚bottom-up' Modelle mehr Eingabedaten als statistische ‚top-down' Modelle.

Eine wichtige Eigenschaft von UBEM ist die Modellierung über verschiedene räumliche Maßstäbe, von den Eigenschaften eines Materials z. B. einer Konstruktionsschicht bis hin zum Stadtquartier, seiner Infrastruktur und Gebäudemasse. In UBEM Modellen wird versucht, diese verschiedenen Maßstäbe und insbesondere deren Wechselwirkungen abzubilden. Eine weitere, wichtige Dimension ist die Zeit. Unterschiedliche Prozesse eines Energiesystems laufen in verschiedenen zeitlichen Intervallen ab, so sind für die

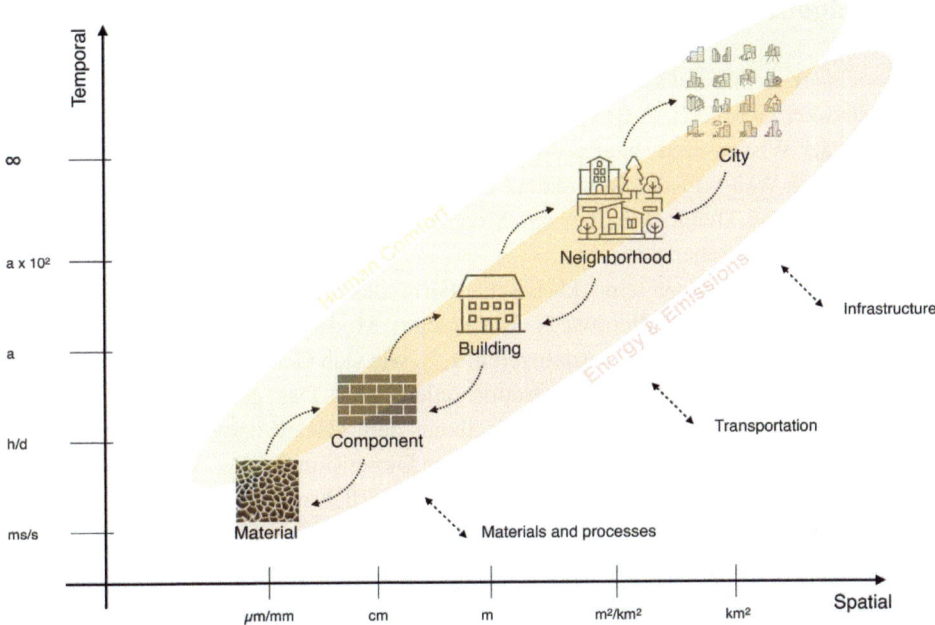

Abb. 6.2 Räumliche und zeitliche Massstäbe und deren Verknüpfungen für die Modellierung von Komponenten, Gebäuden und Städten

Berechnung von Stromnetzen zeitliche Intervalle von Sekunden wichtig, die Dauerhaftigkeit von Material und Konstruktion hingegen wird über Jahrzehnte betrachtet (Abb. 6.2). Es ergibt sich eine zweidimensionale Matrix über die räumliche und zeitliche Auflösung eines Gebäudes und seines Energiesystems, die, je nach Schwerpunkt, in UBEM Modellen abgebildet werden müssen.

6.5 Grundprinzipien der Modellierung

Im Kontext von UBEM, die die Entscheidungsfindung unterstützen sollen, ist es notwendig, sich einige grundlegende Gedanken über die Natur von Modellen und die Tätigkeit des Modellierens zu machen. Diese Grundsätze treffen auf jede Form der Modellierung zu und sind wichtig, um die Nützlichkeit und Aussagekraft von Modellen einschätzen zu können. Der folgende Abschnitt stützt sich auf die Publikation ‚Guide for Good Modelling Practice in Policy support' [64], die für eine vertiefte Beschäftigung, insbesondere für die Erstellung neuer Modelle empfohlen wird.

6.5.1 Eigenschaften von Modellen

‚Al models are wrong but some are useful' – mit diesem Aphorismus beschrieb der britische Statistiker George E. P. Box [65] eine der wichtigsten Eigenschaften von Modellen, wie sie in der Wissenschaft häufig verwendet werden. Da es unmöglich ist, die Komplexität der realen Welt vollständig in einem Modell abzubilden, stellen Modelle immer eine Vereinfachung dar. Dennoch helfen uns Modelle, unsere Welt oder ausgewählte Aspekte davon besser zu verstehen.

Architekt*innen kennen eine klassische Form des Modells, das physische Modell eines Architektur- und Stadtentwurfs. Ein solches Modell wird erstellt, um räumliche Aspekte zu untersuchen und zu visualisieren, z. B. wie sich Gebäude- oder Raumvolumina zueinander verhalten oder wie sie proportioniert sind. Das geübte Auge kann diese Eigenschaften auch in verkleinertem Maßstab aus dem Modell herauslesen und aufgrund eigener Erfahrungswerte beurteilen. Eine weitere Dimension der Realität kann z. B. durch die Materialität dargestellt werden. Obwohl dies natürlich nicht dem Material der realen Gebäudehülle entspricht, macht es einen Unterschied, ob diese im Modell aus Pappe, Holz oder gar Beton besteht. Ein solches Modell ist eindeutig ‚falsch', da es nicht das Gebäude selbst ist, sondern eine Vereinfachung und Verkleinerung, aber es ist hilfreich, da wichtige Aspekte für die Entscheidungsfindung daraus abgelesen werden können. Dasselbe gilt für digitale Modelle.

6.5.2 Annahmen und Enscheidungen

Ein Modell zu erstellen, d.h. zu modellieren, bedeutet Entscheidungen darüber zu treffen, welche Aspekte der Realität für die jeweilige Fragestellung relevant sind und im Modell abgebildet werden sollen [64]. Diese Entscheidungen definieren das Modell, schränken aber auch seine Aussagekraft ein. Ein möglichst umfassendes Modell bedeutet nicht unbedingt, dass es für die Beantwortung der Fragestellung besonders geeignet ist. Da nicht alle Parameter bekannt oder darstellbar sind und die Informationen nicht immer vollständig vorliegen, müssen viele Vereinfachungen vorgenommen und Annahmen getroffen werden. Ein Beispiel im Kontext von UBEM ist die Verfügbarkeit von Informationen über die Außenwandkonstruktion eines bestehenden Gebäudes. In diesem Fall müssen häufig Annahmen über die Konstruktion anhand von Informationen wie Baujahr und Standort getroffen werden. Es ist wichtig, diese Annahmen während des Prozesses und insbesondere bei der Kommunikation der Ergebnisse zu kommunizieren. Die Arbeit von Walker et al. [66] zeigt die Auswirkungen solcher Annahmen bei der Modellierung von Gebäudesanierungen. So beeinflusst beispielsweise die Annahme über den CO_2-Gehalt des zukünftigen Stromnetzes wesentlich, wann und auf welchen Flächen am Gebäude Photovoltaik zur Reduktion der Gesamtemissionen geeignet ist. Ebenso hat die Annahme, wie die Nutzung des lokal am Gebäude erzeugten Stroms angerechnet wird, einen wesentlichen Einfluss auf die Gesamtemissionsbilanz des Gebäudes.

6.5.3 Garbage in – garbage out

Entscheidend für die Aussagekraft eines Modells ist die zugrundeliegende Art der Modellierung und die Qualität der Eingangsdaten, oder wie es [64] treffend formuliert: ‚garbage in – garbage out'. Dies ist leicht zu verstehen: Wenn die Eingabedaten eines Modells fehlerhaft oder unvollständig sind, sind auch die Simulationsergebnisse wenig hilfreich. Im Zusammenhang mit UBEM ist es daher wichtig, vor Beginn der Simulation gute und vollständige Daten und Informationen über die Ausgangssituation zu erhalten. Dies ist nicht immer einfach. Während viele Städte und Gemeinden in Industrieländern oft über eine Fülle von Daten verfügen, sind diese z. B. nicht immer zugänglich. An vielen Orten sind solche Daten jedoch gar nicht vorhanden oder werden nicht systematisch erhoben. In diesem Fall müssen geeignete Datenquellen, z. B. aus vergleichbaren Kontexten oder Studien, zur Definition der Eingangsdaten herangezogen werden.

6.5.4 Transparenz

Für die Aussagekraft und Glaubwürdigkeit eines Modells ist es aus den genannten Gründen wichtig, die Quellen der Eingangsdaten zu benennen, um die Ergebnisse interpretieren zu können. Ebenso sollten die getroffenen Annahmen transparent kommuniziert werden. Oft ist es für Außenstehende schwer nachvollziehbar, warum ein und dasselbe Modell zu völlig unterschiedlichen Ergebnissen kommen kann. Doch gerade bei der Modellierung und Simulation komplexer Systeme wie Städte oder Energiesysteme müssen viele Annahmen getroffen werden, die die Simulationsergebnisse maßgeblich beeinflussen können. Neben den Eingabedaten und Annahmen ist es wichtig, dass das Modell selbst offen zugänglich ist, da auch hier bereits durch die Wahl der Verfahren und Formulierungen Entscheidungen getroffen werden, die die Ergebnisse beeinflussen. Da die Ergebnisse von Simulationen mit UBEM Entscheidungen beeinflussen können, die viele Menschen und Ressourcen betreffen, müssen solche Modelle vollständig transparent sein.

6.5.5 Verifizierung und Validierung

Um den Ergebnissen eines Modells vertrauen zu können und es zuverlässig für die Entscheidungsfindung nutzen zu können, sind Verifizierung und Validierung unerlässlich. Wie in [64] ausgeführt, wird bei der Verifikation untersucht, ob ein Modell korrekt implementiert wurde, d.h. ob es fehlerfrei funktioniert, den Spezifikationen entspricht und die gewünschten Ergebnisse liefert. Die Validierung hingegen untersucht, ob das Modell den gewünschten Aspekt der Realität tatsächlich zuverlässig abbildet. Stimmen zum Beispiel die Ergebnisse mit realen Messwerten überein? Verändern sich die Ergebnisse bei einer Änderung der Eingabedaten in gleichem Maße wie in der Realität beobachtet? Bevor ein UBEM für den Entwurf, die Planung oder Entscheidungsfindung herangezogen wird, sollte sich der Anwender vergewissern, dass beides in bestmöglichem Umfang erfolgt ist. Insbesondere die Validierung stellt jedoch für die UBEM eine Herausforderung dar, da oft keine aussagekräftigen Messdaten für einen Vergleich zur Verfügung stehen.

6.6 Beispiele von UBEM in der Anwendung

Die Anwendung des UBEM hat zum Ziel, die Entscheidungsfindung und Planung von nachhaltigen Stadtquartieren zu unterstützen. In diesem Abschnitt beschreiben wir zwei Fallstudien aus unserer Forschung an der ETH Zürich. In beiden Fällen wurde der City Energy Analyst eingesetzt, der an der Professur entwickelt wird (siehe Kap. 7).

6.6.1 Klimawandel, Stadtentwicklung und Gebäudesanierungen und deren Auswirkungen auf den Energieverbrauch typischer Siedlungsstrukturen in der Schweiz

Im Rahmen des vom Schweizer Bundesamt für Energie finanzierten und vom ETH Energy Science Center geleiteten Forschungsprojekts Forschungsprojekt ReMaP wurden zukünftige Energieszenarien für typische Schweizer Siedlungstypen untersucht. Ziel des Teilprojekts war es, zu untersuchen, wie sich diese unter verschiedenen Rahmenbedingungen bezüglich Stadtentwicklung, Gebäudesanierung und erwartetem Klimawandel entwickeln. Für die Auswahl der verschiedenen Siedlungstypen wurden die Klassifikationen des Schweizerischen Bundesamtes für Statistik verwendet und repräsentative Gemeinden der Kategorien städtisch, vorstädtisch und ländlich aus den verschiedenen Sprachregionen der Schweiz ausgewählt. Durch die Kombination statistischer Daten mit Erkenntnissen aus Interviews mit den lokalen Behörden wurden verschiedene Szenarien der Siedlungsentwicklung für jeden Siedlungstyp entwickelt, die auch die zu erwartende Bevölkerungsdynamik und Flächennutzung berücksichtigen. Im Gegensatz zu vielen Studien, die sich ausschließlich auf die Auswirkungen des Klimawandels konzentrieren, zielte das Projekt darauf ab, die zukünftige Siedlungsentwicklung der verschiedenen repräsentativen Siedlungstypen (siehe Abb. 6.3) mit einzubeziehen.

Alle Siedlungstypen wurden in drei kontrastierenden Entwicklungsszenarien modelliert und die Auswirkungen der Siedlungsentwicklung, des Klimawandels und verschiedener Sanierungsszenarien untersucht. Die Sanierungsszenarien folgten den Zielen der Schweizer Energieperspektiven mit spezifischen Prozentsätzen für die Sanierung der Gebäudehülle, Heizung und Kühlung. Die Klimaprojektionen basierten auf zwei repräsentativen Konzentrationspfaden (RCP) des Intergovernmental Panel on Climate Change (IPCC) und wurden über drei Zeiträume analysiert: Heute, in 20 und in 40 Jahren. Die parametrisierten Szenarien wurden anschließend im City Energy Analyst modelliert und die resultierenden 16.000 Simulationen auf einem Computing Cluster der ETH Zürich berechnet.

6.6 Beispiele von UBEM in der Anwendung

Urban Archetype	Sub-urban Archetype	Rural Archetype
Core city of a large agglomeration	High-density sub-urban commercial municipality	Mixed rural peripheral municipality
Altstetten community, City of Zurich	Echallens, Canton Vaud	Airolo, Canton Ticino
3100 Buildings	1050 Buildings	1400 Buildings

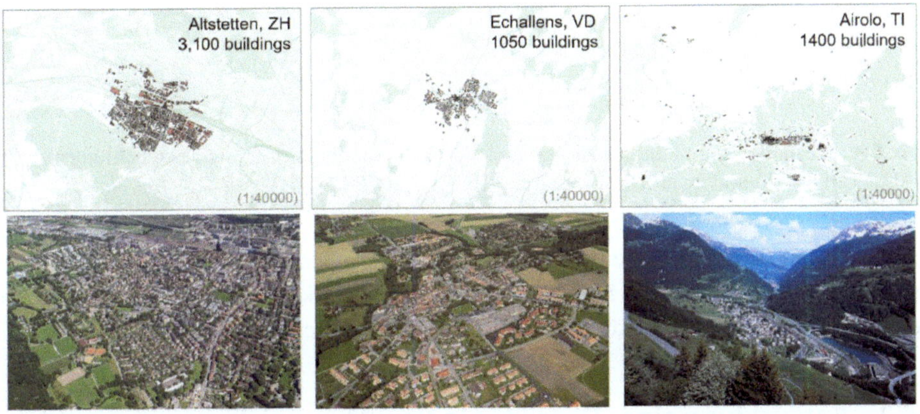

Abb. 6.3 Drei typische Siedlungsformen und deren Repräsentanten: städtische, vorstädtische und ländliche Siedlung [61]

Die Entwicklungsszenarien umfassten das *weiter wie bisher* Szenario, mit städtischen Gebieten, die ein signifikantes Bevölkerungs- und Wirtschaftswachstum sowie Verdichtung erfahren; ein Szenario der *polyzentrischen Städtenetzwerke*, das vorstädtische und ländliche Gebiete in gut verbundene Zentren verwandelt; und ein Szenario der *Digitalisierung*, in welchem durch flexible Arbeitsbedingungen die Attraktivität von vorstädtischen und ländlichen Gebieten erhöht wird. Die verschiedenen Szenarien unterscheiden sich insbesondere durch die Veränderungen im Mix der Gebäudenutzungsarten und bezüglich Bevölkerungswachstum bzw. -abnahme. Besonders ausgeprägt sind diese Veränderung für die Siedlungsform der Vorstädte. Erwartungsgemäß ist in allen Szenarien ein Rückgang des Wärmebedarfs aufgrund des Klimawandels zu verzeichnen. Im Fall der Vorstadt steigt der absolute Wärmebedarf jedoch aufgrund der Zunahme der Geschossfläche durch Wachstum, insbesondere bei Mehrfamilienhäusern, Büro- und Gewerbegebäuden (siehe Abb. 6.4).

Zu beobachten ist auch einen Anstieg der Kühllasten, allerdings in einem sehr unterschiedlichen Ausmaß, abhängig vom Szenario und Archetyp. Besonders ausgeprägt ist der Anstieg für den vorstädtischen Siedlungstyp. Hier fällt der größte Anteil an der Kühllast auf die Nicht-Wohngebäude-Nutzungsarten (Büro, Gewerbe und Industrie). Für diesen Siedlungstyp führt der Anstieg der Gesamt-Flächen der Nichtwohngebäude-Nutzungstypen im polyzentrischen Szenario und insbesondere der erhöhte gewerbliche Nutzungstyp zu deutlich höheren Kühllasten im Vergleich zu den anderen Siedlungstypen

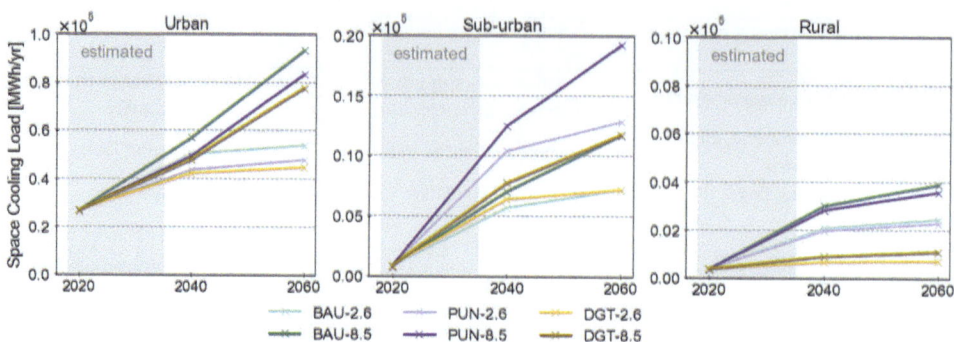

Abb. 6.4 Jährliche Raumkühllasten der drei Archetypen unter drei Stadtenwticklungszenarien (BAU, PUN, DGT) und zwei Klimaszenarien (RCP2.6, RCP8.5) [61]

und Szenarien. Die Ergebnisse machen deutlich, dass neben Klimawandel und Gebäudesanierung auch Szenarien der Stadtentwicklung in die Zukunftsprojektionen einbezogen werden müssen, wenn der zukünftige Energiebedarf abgeschätzt werden soll.

6.6.2 Entwicklung eines Distriktes in Navi Mumbai, Indien

Die Fallstudie [67, 68] befindet sich im Stadtbezirk Navi Mumbai, Indien (Abb. 6.5). Navi Mumbai ist Stadtteil der indischen Megastadt Mumbai, die in den letzten 20 Jahren ein jährliches Bevölkerungswachstum von 5 % verzeichnete. Navi Mumbai wurde als Erweiterung der Metropolregion Mumbai mit mehreren dezentralen Knotenpunkten geplant, die Funktionen mit gemischter Nutzung bieten. Die City and Industrial Development Corporation of Maharashtra (CIDCO) wurde 1970 gegründet, um Navi Mumbai zu entwickeln. Bis 2000 beherbergte Navi Mumbai 1,3 Millionen Einwohner und 250.000 Arbeitsplätze, wobei 6 % der Bevölkerung in informellen Siedlungen lebten. Die meisten der geplanten Knotenpunkte bestehen zu 90 % aus Wohngebäuden mit einigen Regierungsbüros und wenigen kommerziellen Aktivitäten.

Das Hauptziel des Projekts, das in Zusammenarbeit mit der Gruppe von Prof. Dr. Chirag Deb am Center for Urban Science and Engineering am Indian Institute of Technology (IIT) Bombay durchgeführt wurde, bestand darin, herauszufinden, ob es möglich ist, mit Hilfe von UBEM den lokalen Entscheidungsträgern innerhalb von drei Monaten nützliche Informationen über den Energiebedarf, die Emissionen und das Potenzial der erneuerbaren Energieerzeugung zur Verfügung zu stellen. Studierende und Mitarbeiter des IIT recherchierten die notwendigen Eingangsdaten für die Modellierung im City Energy Analyst vor Ort und erstellten das Modell. Ausgebildet und unterstützt wurden sie dabei von der Professur für Architektur und Gebäudesysteme der ETH Zürich, den Entwicklern des CEA. Als lokale ‚change agents' traten die Projektmitarbeiter vor Ort auch auch mit der CIDCO in Kontakt, um Informationen über mögliche Szenarien zu erhalten und die Ergebnisse zu präsentieren.

6.6 Beispiele von UBEM in der Anwendung

Abb. 6.5 Skyline von Navi Mumbai (Bild: Anurupa Chowdhury)

Eine der größten Herausforderungen des Projekts war die Erstellung der für die Modellierung und Simulation von Sampada, eines Distrikts in Navi Mumbai, erforderlichen Datengrundlagen. Während in Ländern wie Singapur oder der Schweiz, in deren Kontext das CEA entwickelt wurde, viele Daten von der öffentlichen Verwaltung oder aus offenen Quellen zur Verfügung stehen, war die Situation in Navi Mumbai anders. Von offizieller Seite standen nur wenige Daten zur Verfügung, weitere wurden aus der verfügbaren Literatur und anderen offenen Quellen recherchiert. Die Informationen über die Eingabedaten für die Gebäudemodellierung waren fragmentarisch und unvollständig, grundlegende Informationen wie z. B. die genaue Höhe der Gebäude fehlten. Dennoch gelang es dem lokalen Team, einen Großteil dieser Daten zu recherchieren, das Modell in kurzer Zeit zu erstellen und die Ergebnisse der Simulationen mit der CIDCO zu diskutieren.

Die Ergebnisse (Auszüge in Abb. 6.6) beinhalteten eine Analyse des Energiebedarfs der verschiedenen Gebäudetypen des Distrikts. Nicht überraschend wurde festgestellt, dass Wohngebäude von Bewohnern aus eher hohen Einkommensklassen einen besonders hohen Energiebedarf haben. Darüber hinaus wurde der Kühlungsbedarf für zukünftige Szenarien prognostiziert und der potenzielle Anteil erneuerbarer Energien ermittelt, der durch Solaranlagen auf Dächern erreicht werden könnte – ein Ansatz, der besonders für einkommensschwache Haushalte von Bedeutung ist. Die Analyse zeigte auch dass Strom aus Photovoltaik auf Dächern hinsichtlich Lebenszyklusemissionen weniger als

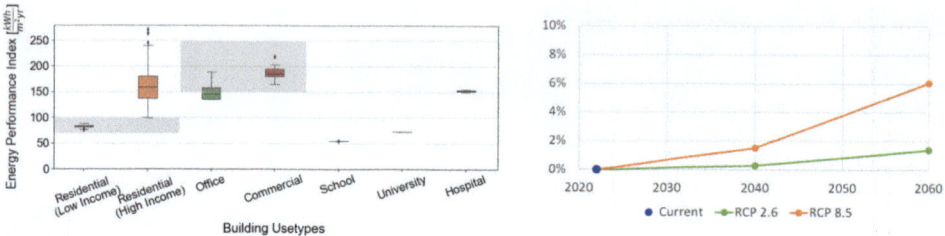

Abb. 6.6 Links: Gesamtenergiebedarf verschiedener Nutzungstypen in Navi Mumbai (Berechnung mit CEA); Rechts: Entwicklung des Kühlenergiebedarfes unter Berücksichtigung des Klimawandels [68]

ein Zehntel der Emissionen im Vergleich zum Stromnetz verursacht und sogar besser abschneidet als die lokale Wasserkraft. Für Sampada wurde mit dem CEA ebenfalls ein Vorschlag für Fernkühlung der Gebäude entwickelt und ein Kältenetzwerk simuliert.

6.7 Metriken: Ergebnisse eines UBEM

Ziel der Arbeit mit einem UBEM ist es, die Leistungsfähigkeit einer Lösung, d. h. eines städtebaulichen oder architektonischen Entwurfs, nicht nur qualitativ, sondern auch quantitativ, d. h. unter Zuhilfenahme verschiedener Metriken, beurteilen zu können. Eine Metrik ist ein quantitatives Maß oder eine Methode zur Bewertung verschiedener Eigenschaften einer Lösung. Metriken, die für UBEM verwendet werden, bezeichnen meist physikalische Größen wie Energie, Stoffmengen wie z. B. CO_2 Emissionen, Zeit, z. B. Stunden über oder unter einem bestimmten Wert, finanzielle Einheiten, z. B. Währungen, oder Kategorien, z. B. Komfortkategorien. Für die Gesamtbetrachtung eines Gebäudes oder Quartiers sind die *Lebenszyklusphasen* (siehe Abb. 6.7) relevant. Sie definieren die Betrachtungsgrenzen verschiedener Metriken. Die Betriebsemissionen, beispielsweise, betrachten lediglich die Emissionen, die in der Nutzungsphase B1 entstehen. Im folgenden Abschnitt gehen wir kurz auf die wichtigsten Metriken ein, wie sie in UBEM-Tools wie dem City Energy Analyst verwendet werden.

6.7.1 Energie

Gebäude benötigen Energie für deren Betrieb und für deren Erstellung. Bei der *Betriebsenergie* unterscheidet man entlang der verschiedenen Umwandlungsstufen zwischen *Primärenergie*, *Endenergie* und *Nutzenergie*.

Die *Primärenergie* bezieht sich auf den Energieträger in ihrer ursprünglichen Form, z. B. Erdöl, Solarstrahlung oder Biomasse. Energieträger werden aus der Natur gewonnen und sind sozusagen die Rohstoffe der Energieproduktion.

6.7 Metriken: Ergebnisse eines UBEM

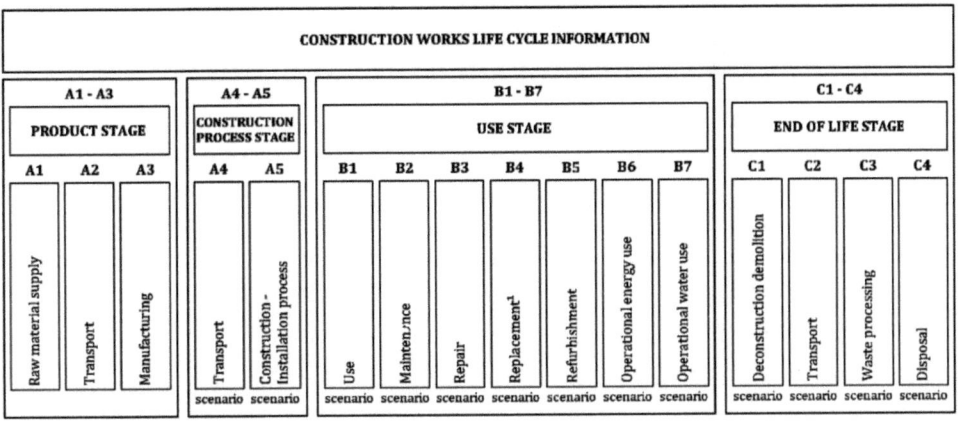

Abb. 6.7 Systemgrenzen gemäss EN 15804 [66]

Nutzenergie ist die Energie, die nach der Umwandlung von Primärenergie z. B. durch ein Kraftwerk, beim Verbraucher ankommt und dort genutzt werden kann, z. B. in Form von Strom oder Fernwärme. Wie viel von der Primärenergie als Nutzenergie beim Nutzer ankommt wird wesentlich durch die Umwandlungseffizienz bestimmt. Eine Solarzelle wandelt circa 20 % der ankommenden Solarstrahlung in Strom um, ein thermisches Kraftwerk 30–60 %.

Die *Endenergie* ist die Energie, die der Nutzer tatsächlich benötigt, um z. B. einen Raum zu heizen, zu kühlen oder mit elektrischem Licht zu versorgen. Dazu wird die Nutzenergie mit Hilfe der Gebäudetechnik in den gewünschten Nutzen, z. B. Wärme oder Kunstlicht, erneut umgewandelt. Je nach verwendeter Technologie treten bei der Umwandlung unterschiedlich hohe Verluste auf. Ein bekanntes Beispiel ist die aufgrund ihrer Ineffizienz inzwischen verbotene Glühbirne. Sie wandelt den Strom der Nutzenergie, der durch den Glühfaden fließt, zu ca. 90 % in Wärme und nur zu 10 % in sichtbares Licht um.

Energie im Gebäudebereich wird üblicherweise in Kilowattstunden (1 kWh = 1 kW · 1 h) angegeben. Dies entspricht einer Leistung von 1 kW über einen Zeitraum von einer Stunde, z. B. wenn man einen Föhn mit einer Leistung von 1000 W eine Stunde lang laufen lässt. Die Leistung (1 kW = 1000 J/s) gibt dagegen an, wie viel Energie pro Zeitschritt umgesetzt wird. Die Leistung eines elektrischen Gerätes oder einer Heizung ist also die zu einem bestimmten Zeitpunkt abgegebene Wärmemenge. Dies ist relevant für die Dimensionierung von gebäudetechnischen Systemen. Beispielsweise verliert ein Raum bei einer bestimmten Außentemperatur Wärme über seine Außenhülle. Die Heizleistung gibt an, wie viel Wärme dem Raum zugeführt werden muss, um die Raumtemperatur innerhalb komfortabler Grenzen zu halten. Sind die Wärmeverluste des Raumes größer als die Heizleistung, kühlt der Raum allmählich aus.

Graue Energie bezeichnet die indirekte Energie, die für die Herstellung, den Transport, die Wartung und Entsorgung von Materialien, Baustoffen und Bauteilen, die im Gebäude verwendet werden, aufgewendet werden muss. Für die Berechnung der grauen Energie eines Gebäudes wird die spezifische graue Energie eines Materials oder Bauteils mit der Menge multipliziert, in der dieses im Gebäude verwendet wird. Hier kommen, je nach Baustoff, verschiedene Berechnungsgrößen (m^2, KG, m^3, etc.) zu Einsatz. Da die graue Energie wie auch die grauen Emissionen selten durch die Hersteller ausgewiesen werden und daher für den spezifischen Fall oft nicht bekannt sind, verwendet man für die Berechnung Datenbanken wie z. B. die Schweizer KBOB [69] für Bauteile oder Ecoinvent [70], um Materialkennwerte zu erhalten.

6.7.2 Treibhausgasemissionen

Auch bei den Treibhausgasemissionen, hier in Kurzform als Emissionen bezeichnet, wird, analog zur Energie, zwischen den Betriebsemissionen und den grauen Emissionen unterschieden. Zu den Betriebsemissionen zählen die direkten Emissionen, die vor Ort durch den Gebäudebetrieb ausgestoßen werden. Ein Beispiel hierfür sind Emissionen, die durch die Verbrennung von Öl oder Gas in einem Heizkessel oder einer Gastherme entstehen. Zu den indirekten Emissionen des Betriebs zählen die Emissionen, die durch die Herstellung des im Gebäude verwendeten Stromes verursacht werden. Die grauen Emissionen hingegen enthalten die für die Herstellung, den Transport, die Wartung und Entsorgung von Materialien, Baustoffen und Bauteile aufgewendeten Emissionen.

Die verschiedenen Treibhausgase werden auf Kilogramm CO_2-Äquivalente (kG-$CO_2 equ$) als Einheit umgerechnet, um sie hinsichtlich deren Einfluss auf den Treibauseffekt vergleichbar zu machen. Neben den Treibhausgasemissionen, unter denen das CO_2 den wichtigsten Anteil annimmt und daher die beiden Begriffe oft synonym verwendet werden, gibt es auch noch andere Umweltindikatoren, wie die Umweltbelastungspunkte (UBP). Diese können für eine vertiefte Betrachtung in auf Lebenszyklusanalysen spezialisierter Software berechnet werden.

6.7.3 Nutzerkomfort

In Industrieländern verbringen die Menschen die überwiegende Zeit ihres Lebens in Gebäuden. Daher ist es wichtig, dass das Innenraumklima in Gebäuden behaglich ist, d. h. dass sich die Bewohner und Nutzer darin wohl fühlen und gesund bleiben. Unter dem Begriff Nutzerkomfort lassen sich die Eigenschaften des Innenklimas zusammenfassen, die unser Wohlbefinden in Gebäuden bestimmen. Für UBEM ist insbesondere der thermische Komfort von Bedeutung. Er wird in den Abschn. 1.2 und 3.3.3 näher beschrieben.

6.8 Modell: Parameter eines UBEM

Ein UBEM verwendet eine Anzahl von Parametern, um das Gebäude, seine geometrischen und konstruktiven Eigenschaften und seinen urbanen Kontext zu beschreiben. Je nach gewähltem Ansatz ist die Anzahl dieser Parameter, d. h. der Detaillierungsgrad des Modells mehr oder weniger umfangreich. Je detaillierter das Modell, umso mehr Informationen müssen zusammengetragen werden, um eine Simulation ausführen zu können. Im folgenden Abschnitt beschreiben wir einige grundsätzliche Parameter, die in dieser Form in vielen UBEM Modellen vorhanden sind. Sie beeinflussen die Energieflüsse, Energieverbrauch und -erzeugung, das Innenraumklima sowie die Emissionen, die die Erstellung des Gebäudes und sein Betrieb verursachen.

Für eine Simulation werden die Parameter mit den spezifischen Werten für den Standort und das/die betreffende(n) Gebäude gefüllt. Die mathematischen Modelle des UBEM verwenden dann die Parameterwerte, um die gewählten Metriken zu berechnen, z. B. den Energiebedarf, die CO_2-Emissionen oder den erzeugten Solarstrom. Der Vergleich der Ergebnisse mit Zielwerten oder benchmarks erlaubt dann eine Aussage über die Qualität der gewählten Lösung. Wie in Abschn. 6.5 beschrieben, müssen für die Modellierung in der Regel eine Reihe von Annahmen getroffen werden. Bei der Interpretation der Simulationsergebnisse muss man sich daher immer bewusst sein, dass diese Annahmen einen großen Einfluss auf die Ergebnisse haben können.

6.8.1 Ort und Klima

Das lokale Klima hat einen großen Einfluss auf den Nutzerkomfort und den Energiebedarf für dessen Herstellung. Hierbei ist zwischen Makro- und Mikroklima zu unterscheiden. Unter Makroklima versteht man im Zusammenhang mit UBEM das Klima einer Region. Dieses wird beeinflusst durch seine Klimazone, seine geographische Lage (Längen- und Breitengrade) und seine geographischen Gegebenheiten, z. B. die Nähe zu Gebirgen oder Meeren. Das Makroklima ist unabhängig von lokalen Effekten, die durch die bebaute Umwelt hervorgerufen werden, wie z. B. lokale Hitzeinseln. Für die Simulation mit UBEM werden für die Repräsentation des Makroklimas sog. typische Wetterdaten eines Ortes verwendet. Diese können für viele Orte auf der Welt im Format „TMY" (Typical Meteorological Year) bezogen werden. Für TMY Daten werden die Messwerte vieler Jahre einer bestimmten Station ausgewählt, um die Stundenwerte eines ‚typischen' meteorologischen Jahres zu konstruieren [71]. Diese können in verschiedenen Tools visualisiert werden, siehe Abb. 6.8.

Das Mikroklima hingegen berücksichtigt lokale Standorteffekte wie Windverhältnisse und Wärmespeichereffekte von Gebäuden und Infrastruktur. Lokale Effekte können dabei zu großen Abweichungen vom Makroklima führen. In der Stadt Zürich z. B. sind für urbane Hitzeinseln Temperaturunterschiede von bis zu 6 °C in Vergleich weniger dicht bebauten Orten am Stadtrand festgestellt worden [74].

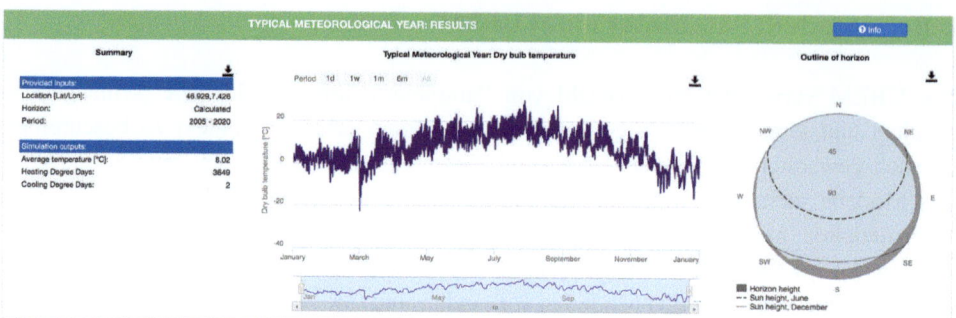

Abb. 6.8 Visualisierung von TMY Wetterdaten, hier Lufttemperatur, in PVGIS [72]

Abb. 6.9 ‚Hitze im Siedlungsraum' – Visualisierung der Überwärmung in der Stadt Zürich [73]

Mikroklimadaten können auch für die Modellierung mittels UBEM verwendet werden. Für deren Erstellung werden entweder lokale Messwerte oder mikroklimatische Simulationen benötigt. Lokale Wetterdaten, die das Mikroklima berücksichtigen, sind jedoch im Gegensatz zu TMY-Wetterdaten Momentaufnahmen, z. B. Messungen eines bestimmten Zeitraums oder Jahres.

Auf GIS-Plattformen, wie sie z. B. von Städten oder Kantonen zur Verfügung gestellt werden, sind oft qualitative und quantitative Informationen zu städtischen Hitzeinseln abrufbar, siehe Abb. 6.9. Verknüpft mit einem UBEM können mikroklimatische Simulationen die verschiedenen Interaktionen zwischen Gebäudeform, Materialwahl und Energiesystemen besser abbilden [80]. Die Erstellung von mikroklimatischen Simulationen ist allerdings mit erheblichem Aufwand verbunden und benötigt spezialisiertes Wissen. Vereinfachte Werkzeuge wie z. B. der ‚Urban Weather Generator' [75] berechnen auf der

Grundlage von Wetterdaten den Einfluss der städtischen Bebauung auf Lufttemperatur und -feuchte ab und erlauben so eine Annäherung.

6.8.2 Infrastrukturen und Netze

Um Energiesysteme für Gebäude im städtischen Kontext zu modellieren, muss die Energieinfrastruktur von der städtischen Ebene bis hin zu nationalen Netzen berücksichtigt werden. Dies beginnt bei der Versorgung von Gebäuden mit Wärme und/oder Kälte durch städtische Netze (siehe auch Abschn. 5.2). Aber auch die Eigenschaften nationaler Infrastrukturen wie z. B. die des Stromnetzes entscheiden wesentlich darüber, wie nachhaltige Energiesysteme für Gebäude und Distrikte aussehen müssen.

Wärme- und Kältenetze
In vielen Städten Mitteleuropas sind in den letzten Jahrzehnten zentrale Infrastrukturen für die Versorgung mit Wärme und teilweise auch mit Kälte entstanden. An zentraler Stelle, meist an den Stadtgrenzen, wird Wärme erzeugt und über Rohrleitungsnetze in die Stadtteile transportiert. Die Gebäude sind über Unterstationen und Wärmetauscher an das Wärmenetz angeschlossen und entnehmen Wärme bzw. Kälte für die Raumklimatisierung und/oder die Warmwasseraufbereitung.

Klassische Fernwärmenetze (siehe Abb. 5.3) operieren mit hohen Temperaturen die über Verbrennungsprozesse erzeugt werden, so z. B. über Kehrrichtverbrennung oder fossile Brennstoffe. Gebäude mit schlechter Wärmeisolierung und Heizkörpern benötigen diese hohen Temperaturen, um die notwendige Wärme bereit zu stellen. Fern- oder Nahwärmesysteme neuerer Generation, die Gebäude neueren Standards mit einem geringen Wärmebedarf versorgen, können auf tieferen Temperaturen betrieben werden. Hierfür kann die Wärme sogar mittels Wärmepumpen erzeugt werden werden. Für gut gedämmte Gebäude mit Flächenheizsystemen wie z. B. einer Fußbodenheizung ist dies bereits ausreichend.

Für die Modellierung mit UBEM ist es eine wichtige Rahmenbedingung, ob ein Zugang zu einem Nah- oder Fernwärme- bzw. Kältenetz vorhanden ist, d. h. ob der Bedarf des Gebäudes darüber versorgt werden kann. Für die Optimierung des Gesamtsystems ist es darüber hinaus wichtig welche Eigenschaften das Netz aufweist, z. B. welche Temperaturniveaus verwendet werden müssen und welche Treibhausgasemissionen anfallen. UBEM Tools wie der CEA erlauben darüber hinaus die Modellierung und Simulation von Wärmenetzen in Wechselwirkung mit den Gebäuden des Distriktes (siehe Abschn. 7.8.3).

Stromnetze
Beim Strom für den Betrieb von Gebäuden wird unterschieden zwischen Strom aus zentraler Erzeugung, meist aus dem nationalen Netz, und Strom, der lokal am Gebäude erzeugt wird. Die Treibhausgasemissionen der nationalen Netze können dabei je nach

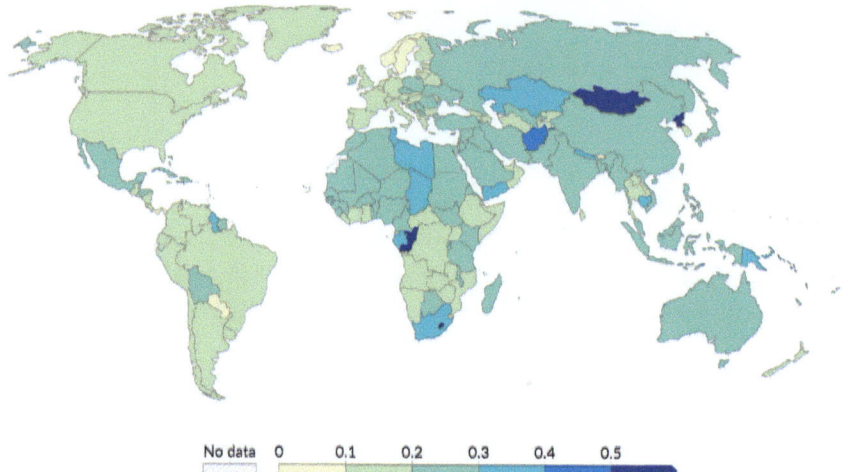

Abb. 6.10 Kohlenstoffintensität der Energieerzeugung, 2022, gemessen in Kilogramm CO_2 pro Kilowattstunde [77]

geographischer Region höchst unterschiedlich sein (siehe Abb. 6.10). Für die Bewertung geeigneter Maßnahmen zur Reduktion der Treibhausgasemissionen eines Gebäudes oder eines Quartiers sind diese von zentraler Bedeutung: In Ländern oder Regionen mit hohen Emissionen des Energiesystems steht die Reduktion des Energiebedarfs der Gebäude bzw. die lokale Erzeugung erneuerbarer Energien im Vordergrund. In Regionen mit geringen Emissionen des Energienetzes (z. B. Norwegen) fallen dagegen die Emissionen aus der Gebäudeherstellung stärker ins Gewicht.

In Mitteleuropa ist die große Mehrzahl der Gebäude an das öffentlichen Stromnetz angeschlossen. Für die Berechnung der daraus resultierenden Treibhausgasemissionen werden daher die Emissionswerte des öffentlichen Stromnetzes verwendet. Bei lokal produziertem Strom über Photovoltaik am Gebäude hängen die daraus resutierenden Treibhausgasemissionen pro Kilowattstunde, bilanziert über den Lebenszyklus des Solarmoduls, von der ausgewählten Technologie und der Einstrahlung ab, die das Modul erfährt. Je nach Platzierung und Kontext kann eine Kilowattstunde Strom hierbei mit mehr oder weniger Emissionen produziert werden, als wenn sie aus dem Netz bezogen wird [78]. Datenbanken wie die Schweizer KBOB [69] bieten für die Berechnung Durchschnittswerte an.

6.8.3 Transport und Mobilität

Neben den Gebäuden sind es das Straßennetz und die Verkehrsinfrastruktur, wie z. B. Bus- und Bahnnetze, die die Stadtgeometrie, Bebauungsstruktur und -dichte wesentlich bestimmen. Häufig werden Straßennetze für die Verlegung von Infrastruktur wie Wasser-, Strom- und Gasnetze genutzt, bzw. deren Routen sind die einzigen Orte und Wege, die für den Aufbau zukünftiger Netze zur Verfügung stehen. Dadurch entsteht ein Zusammenhang zwischen der möglichen Versorgung von Gebäuden mit der Stadtgeometrie und der Nutzung, zwischen der Energieversorgung und der Stadtgestalt [79].

In der Verkehrsforschung und -planung werden Verkehrssimulationen eingesetzt, um Verkehrsbewegungen und Verkehrsmittelwahl zu simulieren und die Auswirkungen von Angebots- und Infrastrukturänderungen zu bewerten. In agentenbasierten Modellen repräsentieren ‚Agenten' bestimmte Nutzungstypen. Die simulierten Bewegungen der Agenten über den Tagesverlauf erlauben dann z. B. eine Abschätzung der Auslastung der jeweiligen Verkehrsmittel. Durch Verkehrssimulationen in Tools wie z. B. MatSim kann analysiert werden, wie viele Personen sich zu welcher Zeit an welchem Ort aufhalten. Solche Informationen können für die Modellierung mit UBEM interessant sein. So können Rückschlüsse auf die Gebäudenutzung gezogen werden, wann und in welchem Umfang Lasten anfallen und welche Dienstleistungen wie z. B. Wärme oder Kälte bereitgestellt werden müssen [80].

6.8.4 Gebäudegeometrie

Für die Modellierung von Energie und Emissionen, aber auch für die Interaktionen zwischen Gebäuden selber ist die Erfassung der Gebäudegeometrie notwendig. Die räumliche Auflösung von Gebäudegeometrie lässt sich in verschiedenen Detaillierungsgraden (Level of Detail (LOD), siehe Abb. 6.11), beschreiben. Grundgeometrien (LOD 0) sind aus öffentlich zugänglichen geographischen Datenbanken wie öffentlichen Geodatenbanken wie Open Street Map (OSM) [82] verfügbar. Öffentlich verfügbare Geoinformationssysteme

Abb. 6.11 Die fünf LODs von CityGML 2.0; zunehmendes geometrisches Detail und semantische Komplexität [81]

wie z. B. das GIS des Kantons Zürich [73] enthalten häufig bereits Gebäudegeometrien in höherem Detaillierungsgrad. Diese können als Grundlage für die eigene Modellierung verwendet werden.

Je nach Fragestellung ist es wichtig, sich Gedanken über den notwendigen Detaillierungsgrad der Gebäudegeometrie zu machen. Ein höherer Detaillierungsgrad bedeutet dabei nicht immer ein besseres Modell (siehe Abschn. 6.5) Im Standard CityGML 2.0 werden fünf LOD's von LOD 0 bis 4 unterschieden. In jeder Stufe erhöht sich das geometrische Detail und die semantische Komplexität. Am Beispiel von Photovoltaikinstallationen kann dies durchgespielt werden: Bei der Verwendung von LOD 1 würde eine horizontale Dachfläche angenommen. Je nach tatsächlicher Dachneigung ist die Menge an Solarstrahlung und deren zeitliche Verteilung allerdings anders im Vergleich zu einem flachen Dach. Die Dachneigung wird allerdings erst bei Verwendung von LOD 2 abgebildet. Bei der Verwendung von LOD 3 schränkt sich die verfügbare Dachfläche z. B. durch Dachaufbauten ein, zudem reduzieren mögliche Verschattungen solcher Aufbauten von anderen Flächen auf dem Dach den Ertrag. Mit der Verwendung höherer LOD's erhöht sich auch der geometrische Modellierungsaufwand und, durch die höhere Anzahl geometrischer Flächen, auch der Berechnungsaufwand. Um den Aufwand bei der Vielzahl von Gebäuden eines Distriktes im Rahmen zu halten kommen daher oft geometrische Modelle mit niedrigen LOD zu Einsatz und es werden vereinfachte Annahmen getroffen, wie dass z. B. nur ein gewisser Prozentsatz der geometrischen Dachfläche für Photovoltaikinstallationen zur Verfügung steht.

6.8.5 Gebäudekonstruktion

Ein zentraler Parameter für die Berechnung des Energieverbrauchs, aber auch der grauen Energie bzw. der grauen Emissionen ist die Gebäudekonstruktion. Auch hier richtet sich der notwendige Detaillierungsgrad nach der Fragestellung. Für die Berechnung der Heiz- und Kühlenergie sind z. B. die Eigenschaften der Gebäudehülle essenziell, d. h. deren Fensterflächenanteil und Aufbau der Wandschichten. Erst wenn diese definiert sind, können die Wärmegewinne durch die Solarstrahlung aber auch die Verluste über die Bauteile der Außenwand berechnet werden. Die genaue Definition dieser Eigenschaften ist ohne die Planungsunterlagen oder eine Baudokumentation schwierig. Selbst wenn diese im Detail vorliegen, ist die detaillierte Modellierung der Gebäudehülle für viele Gebäude eines Quartiers sehr aufwändig. Häufig wird daher mit verschiedenen Klassifizierungen gearbeitet, z. B. anhand des Gebäudealters. Dabei wird für ein Gebäude, dass in einer bestimmten Zeit gebaut wurde, eine typische Konstruktion angenommen. Zur Bestimmung des Alters der Gebäude und für die Recherche der typischen Konstruktionen können Datenbanken verwendet werden. Ein Beispiel für die Schweiz ist das Gebäude- und Wohnungsregister (GWR) [83] oder die TABULA-Datenbank [84] für Europa. Für neu zu errichtende Gebäude kann die Konstruktion auch anhand von Zielwerten, wie sie

6.8 Modell: Parameter eines UBEM

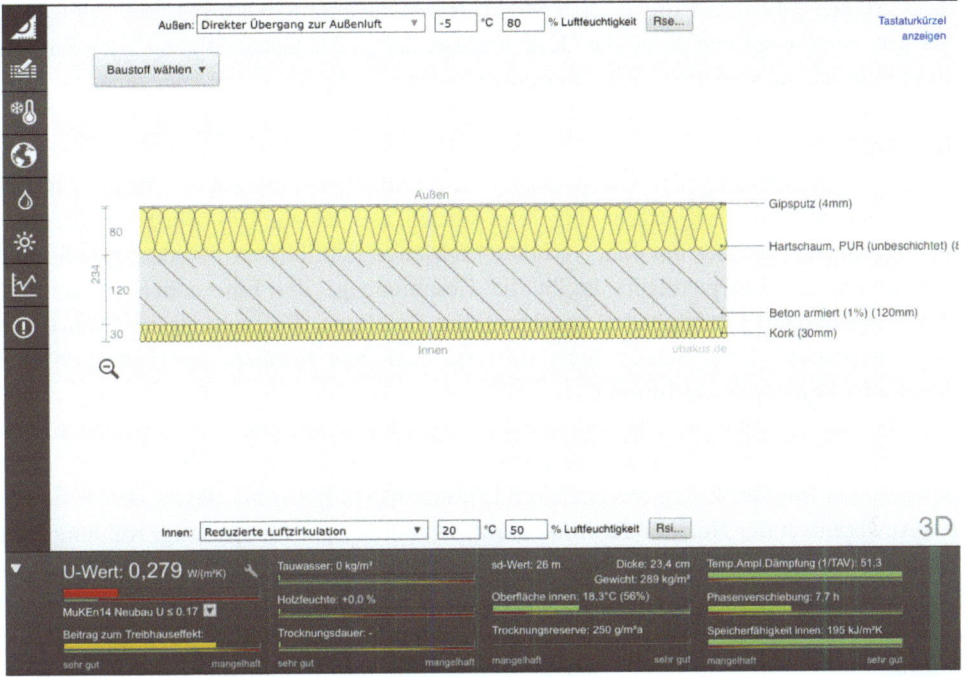

Abb. 6.12 Konstruktion einer Aussenwand im Tool ubakus [85]

von Normen vorgeben werden, definiert und deren thermische Eigenschaften in anderen Werkzeugen modelliert werden (Abb. 6.12).

Um die Modellierung zu vereinfachen und, im Fall eines Stadtquartiers, nicht jedes Gebäude modellieren zu müssen kommen oft sog. Archetypen zu Einsatz: Archetypen beinhalten typische Merkmale eines Gebäudetyps wie er im untersuchten Gebiet oft vorkommt. Eine größere Menge verschiedener Gebäude wie sie z. B. in einer Stadt vorkommen kann dann über eine Anzahl verschiedener Archetypen abgebildet werden. Wie viele verschiedene Archetypen erstellt werden müssen, um ein Gebiet möglichst realitätsnah zu modellieren kann dabei sehr unterschiedlich sein.

6.8.6 Gebäudetechnik

Um den Energiebedarf eines Gebäudes oder eines Quartiers und die damit verbundenen Emissionen zu ermitteln, ist es notwendig, die technischen Systeme für Heizung, Kühlung, etc. mit ihren Eigenschaften, z. B. deren Wirkungsgrad zu definieren. Um beispielsweise einen Raum zu heizen, muss eine bestimmte Energiemenge aufgewendet werden, die über eine Systemkette von der Wärmeerzeugung bis zur Abgabe an den Raum bereitgestellt wird. Aufgrund von Umwandlungs- und Transportverlusten in jedem dieser Schritte ist diese Menge größer als die tatsächlich im Raum benötigte Wärmeenergie. Um diese Verluste zu erfassen und damit die Gesamtmenge der an das Gebäude gelieferten Energie zu bestimmen, müssen thermische Systeme wie Heizung und Lüftung angegeben werden. Häufig werden hierfür vereinfachte Wirkungsgrade verwendet, wie z. B. die Jahresarbeitszahl (JAZ).

Für die Berechnung der Emissionen von thermischen Anlagen ist zusätzlich von Bedeutung, welche Energieträger eingesetzt werden, z. B. Heizöl, Gas oder Strom bei einer Wärmepumpe. Die über das Jahr verbrauchte Menge multipliziert mit den spezifischen Emissionen des Energieträgers ergibt die Gesamtmenge der Emissionen im Betrieb. Bei Angaben zum Energiebedarf mechanischer Belüftung, Beleuchtung und sonstigem Stromverbrauch werden häufig Standardwerte, z. B. aus Normen, verwendet, da eine detaillierte Berechnung aufwändig ist.

Neben der Angabe, welche technischen Systeme mit welchen Wirkungsgraden zum Einsatz kommen, ist es wichtig zu definieren, wie bzw. nach welchen Größen diese geregelt werden. Der Energiebedarf einer Lüftung hängt z. B. stark davon ab, ob sie nur bei Anwesenheit der Nutzer oder immer läuft. Ähnliches gilt für Heizung, Kühlung oder Beleuchtung. Für die Modellierung werden hier oft vereinfachte Regelstrategien vorgegeben, z. B. ‚idealisiert', d. h. immer dann, wenn ein bestimmter Schwellenwert erreicht ist, oder anhand weiterer im Modell vorhandener Informationen, z. B. der Anwesenheit der Nutzer.

6.8.7 Nutzerverhalten

Die Anwesenheit von Nutzern (wann, wie viele) und ihre Tätigkeit (was) bestimmt den Energiebedarf, der bereitgestellt werden muss. Oft legen lokale Normen die Rahmenbedingungen des Raumklimas fest, die eingehalten werden müssen in der Annahme, dass sich zu diesen Bedingungen die meisten Benutzer oder Bewohner wohl fühlen und gesund bleiben. Darüber hinaus beeinflussen menschliche Aktivitäten das Raumklima selbst, indem sie Wärme, Feuchtigkeit und CO_2 freisetzen. Wann und wie viel Energie benötigt wird, hängt also stark von der Nutzung ab und kann selbst bei gleicher Nutzung von Ort zu Ort sehr unterschiedlich sein, beispielsweise zu welchen Zeiten Restaurants besucht werden. Entsprechend ändern sich Zeitpunkt und Intensität des Energiebedarfs.

Zur Abschätzung der Gebäudenutzung für die Simulation des Energiebedarfs zur Versorgung eines Gebäudes oder Quartiers gibt es verschiedene Methoden. Ziel ist es, die Anwesenheit und die Aktivitäten ‚typischer' Bewohner möglichst gut abzubilden. Für deren Modellierung können zwei grundsätzliche Ansätze unterschieden werden [87]: *Deterministische* Modelle bestehen aus Belegungsplänen bzw. im Voraus festgelegte Regeln, die über den Tag verteilt den Anteil der maximalen Belegung eines Raumes in jeder Stunde und die Nutzung der Energieverbraucher definieren, z. B. Beleuchtung oder Geräte (siehe Abb. 6.13). Die meisten Simulationsprogramme für Gebäude und Stadtquartiere verwenden solche Belegungspläne, die für Wochentage und Wochenenden verfügbar sind.

6.8 Modell: Parameter eines UBEM

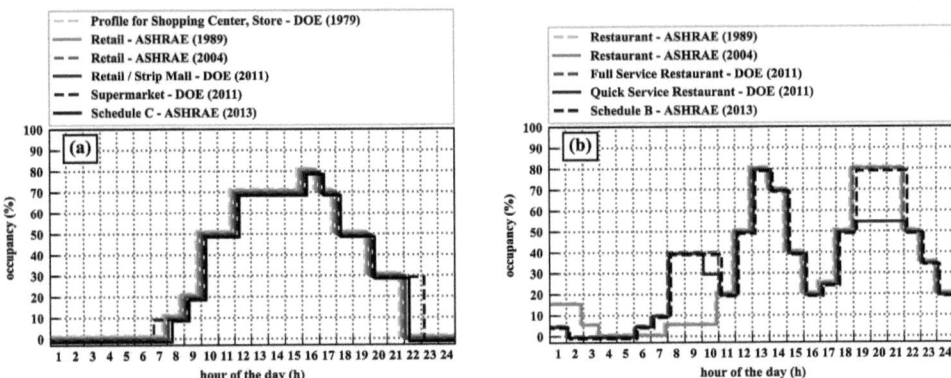

Abb. 6.13 Historische Entwicklung der Standardbelegungspläne für Einzelhandel (a) und Restaurants (b) für Wochentage von 1979 bis heute [86]

Eine weitere Art, die Anwesenheit von Nutzern und deren Einfluss zu modellieren ist die Verwendung *stochastischer* Modelle. Diese nehmen eine statistische Verteilung von Nutzern an, um die Wahrscheinlichkeit deren Anwesenheit vorherzusagen. Dafür werden Korrelationen zwischen dem beobachteten Nutzerverhalten und verschiedenen Situationen bzw. Ereignissen verwendet. Aktuelle Forschung zeigt, dass die Nutzung von Gebäuden je nach zeitlichem und räumlichem Kontext sehr unterschiedlich sein kann und dies durch deterministische Belegungspläne oft nur unzureichend abgebildet wird. Neueste Ansätze für die Abschätzung der Nutzeranwesenheit verwenden daher datengestützte Modelle, die z. B. aus Mobilfunkdaten gewonnen werden können [88].

Simulation mit dem City Energy Analyst (CEA) 7

> **Zusammenfassung**
>
> In diesem Kapitel geben wir einen Überblick über die Modellierung von Gebäuden und Quartieren mit dem City Energy Analyst (CEA), einem der führenden open-source Softwaretools für die UBEM-Modellierung und -Simulation. Um die Anwendung des CEA in der architektonischen und städtebaulichen Planung zu unterstützen, werden in den folgenden Abschnitten die verschiedenen Datenbanken, Werkzeuge, workflows und Ausgabemöglichkeiten des CEA beschrieben.

7.1 Der City Energy Analyst als UBEM Tool

Der City Energy Analyst (CEA) wurde 2012 am Lehrstuhl für Architektur und Gebäudesysteme (A/S) im Rahmen der Forschung zur Modellierung und Simulation nachhaltiger Gebäude und Quartiere initiiert. Die Grundlage für den CEA wurde in der Dissertation von J. Fonseca [89] an der Professur erarbeitet. Ziel des Forschungsprojektes war es, die Modellierung des energetischen Verhaltens vom Einzelgebäude auf das Quartier auszuweiten, um die Wechselwirkungen zwischen Gebäuden, ihrer Umgebung und ihrer Infrastruktur besser abbilden zu können. Die wesentliche Weiterentwicklung von CEA zur heutigen Version erfolgte während des von der Professur geleiteten Forschungsmoduls ‚Multi-scale Energy Systems for Low-Carbon Cities (MuSES)' am SEC Future Cities Lab in Singapur zwischen 2016 und 2020 [90]. Seither wird CEA von Forschenden an der ETH Zürich, am Singapore-ETH Centre und an anderen Institutionen angewendet und weiterentwickelt. Zum Zeitpunkt der Veröffentlichung dieses Buches wurde CEA über 1800-mal heruntergeladen und wird in über 70 Ländern eingesetzt, unter anderem in zahlreichen Studiengängen an Universitäten auf der ganzen Welt. Beispiele für internationale Projekte mit CEA finden sich auf der Website www.cityenergyanalyst.com. Dort kann auch eine Demoversion des CEA online verwendet und das Tool kostenlos heruntergeladen werden. Ebenso finden sich auf der Website weiterführende Informationen, Webinare und aktuelle Kursangebote. Für UBEM Modellierer und Softwareentwickler oder solche, die es werden wollen empfehlen wir die CEA Entwicklungsseite auf GitHub[1] und das CEA Forum.[2] Die hier beschriebenen Werkzeuge und Darstellungen beschreiben den Stand des CEA Version in der Version 4.0 und früher.

7.2 Anwendungsbereich des CEA

CEA ist ein Werkzeug für den integrierte Entwurf von Gebäuden, Quartieren und Städten. ‚Integriert' bezieht sich dabei auf die Möglichkeit, von Anfang an Themen der ökologischen Nachhaltigkeit wie Energie und Emissionen in die Entwurfsentscheidungen mit einzubeziehen. Als digitales Werkzeug unterstützt es mit Berechnungsmodellen und Visualisierung das Verständnis der Wechselwirkungen zwischen urbaner Form, Funktion und Parametern der Nachhaltigkeit. Quantitative Zielgrößen wie Betriebsenergie, Betriebsemissionen, Nutzerkomfort, graue Emissionen für die Herstellung energetisch wirksamer Maßnahmen und die Kosten von Bau- oder Sanierungsmaßnahmen unterstützen die Entscheidungsfindung. Auch stadträumliche Aspekte können mit Hilfe der 3D-Modellierung qualitativ untersucht werden. Typische Fragestellungen, die mit dem CEA bearbeitet werden können sind z. B.:

- wie viel Energie für Heizung, Kühlung benötigt wird und wie hoch der Stromverbrauch für ein Stadtquartier oder ein Areal ist
- welchen Einfluss Sanierungsmaßnahmen auf Energiebedarf und Emissionen haben
- welche Auswirkungen der Klimawandel auf den Energiebedarf für Heizen und Kühlen sowie den Nutzerkomfort in einem Stadtquartier haben
- wie viele Emissionen beim Einsatz bestimmter technischer Systeme entstehen und wie hoch das Potential erneuerbarer Energieproduktion im Quartier und auf einzelnen Gebäude ist
- welchen Einfluss die Stadtentwicklung, z. B. Umnutzung oder Nachverdichtung, auf Energiebedarf und Emissionen hat
- welche Dekarbonisierungsmaßnahmen für ein Quartier oder Areal am effektivsten sind

7.3 Modellstruktur und Ablauf

CEA besteht aus verschiedenen Modellen für die Berechnung unterschiedlicher Metriken, wie z. B. der solaren Einstrahlung, des Energiebedarfs für Heizen und Kühlen oder der

---

[1] https://github.com/architecture-building-systems/CityEnergyAnalyst.
[2] https://cea2.flarum.cloud.

grauen Emissionen energierelevanter Bauteile. Die wesentlichen Berechnungsmodelle des CEA sind in verschiedenen Veröffentlichungen detailliert beschrieben [91, 92] worden. Für deren Validierung wurden die Modelle des CEA mehrfach mit bestehenden, an realen Gebäuden validierten Modellen verglichen, so z. B. mit dem Simulationswerkzeug EnergyPlus [91]. In verschiedenen Forschungsprojekten der Anwendungspartnern wurden überdies die Ergebnisse von CEA mit realen Messdaten verglichen.

Die verschiedenen Berechnungsmodelle des CEA sind miteinander verknüpft (siehe Abb. 6.1). Um ein Gebäude oder ein Quartier zu simulieren müssen zunächst die notwendigen Eingabedaten für die Modelle erstellt oder angepasst werden, z. B. durch Angabe der geographischen Lage, der Wandkonstruktionen, der vorhandenen Energieinfrastruktur oder der Gebäudeform. Vorhandene Datenbanken helfen, diesen Schritt zu vereinfachen und zu beschleunigen. Die Ergebnisse der Berechnungen werden dann in CEA in verschiedenen ‚Dashboards' dargestellt bzw. sind als Dateien verfügbar und können in anderen Tools oder für die eigenen Visualierung verwendet werden.

7.4 Eingabedaten

In Abschn. 6.8 stellen wir grundsätzliche Parameter für die Modellierung von UBEM vor. In diesem Abschnitt wollen wir diese Parameter, wie sie in CEA verwendet werden, näher beschreiben. Für die Berechnungsmodelle des CEA werden Daten aus verschiedenen Quellen verwenden und integriert:

7.4.1 Klimadaten

Für die Repräsentation des geographischen Ortes und seines Klimas werden Wetterdaten im sogenannten TMY Format verwendet (siehe Abschn. 6.8.1). Diese sind im Format *.ewp für viele Standorte weltweit verfügbar . Sie enthalten alle relevanten Angaben zu Temperaturen, Solarstrahlung, Wind, etc., und können in CEA für den jeweiligen Standort importiert werden. Zu beachten ist, dass es sich bei den TMY-Daten um repräsentative Makroklimadaten handelt, die nicht das ortsspezifische Mikroklima widerspiegeln.

7.4.2 Gebäudegeometrie

Die Grundgeometrie von Gebäuden kann am einfachsten direkt in CEA über die integrierte Kartenfunktion mit Schnittstelle zu OpenStreetMap (OSM, [82]) eingegeben werden. OSM ist für viele Standorte weltweit verfügbar und folgt dem Open Data Ansatz, in dem Daten durch eine Gemeinschaft erstellt werden und für alle nutzbar sind. Wie aus jeder Datenquelle sollten die Daten aus OSM immer auf Korrektheit überprüft werden. Abweichung zur realen Situation können über die Eingabe in CEA angepasst und damit die korrekte Gebäudegeometrie des Areals oder Distrikts erstellt werden.

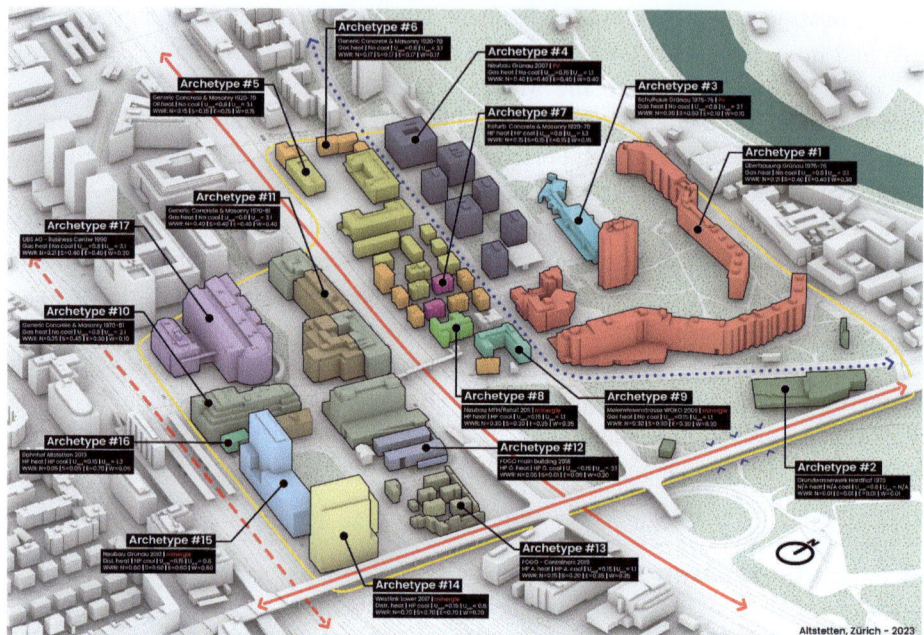

Abb. 7.1 Verschiedene Gebäudearchetypen eines Stadtquartiers (Bild: Mettas Loukas, Zupan Esteban, Integrated Design Project Course, ETH Zürich, MIBS Herbstsemester 2023)

Darüber hinaus können Gebäudegeometrien in CEA auch über das *.shp Format z. B. aus Geoinformationssystemen (GIS) eingelesen werden. 3D-Geometrie von Gebäuden und Distrikten kann auch in der 3D-Modellierungssoftware Rhinoceros erstellt und ebenfalls über das *.shp Format in CEA importiert werden. Details zum Austausch von Geometrie zwischen CAD/GIS sind auf der CEA Webseite verfügbar.

7.4.3 Konstruktion und Systeme

Um Gebäude energetisch zu modellieren sind Daten zur Konstruktion und zu den technischen Systemen unerlässlich. Die Basisversion des CEA enthält Daten über typische Gebäudekonstruktionen und Gebäudetechnik für die Standorte Schweiz und Singapur. Diese sind in so genannten *Archetypen*, siehe Abschn. 7.6.3, organisiert. Ein Archetyp repräsentiert ein typisches Gebäude an einem bestimmten Standort, definiert über die entsprechenden Daten zu Konstruktion und Systemen (siehe Abb. 7.1). Archetypen in CEA bestehen aus sogenannten *Assemblies*, die verschiedene typische Wandaufbauten oder Definitionen von Heizungs-, Lüftungs– und Klimasystemen enthalten. Für andere geographische Standorte, z. B. Deutschland oder Brasilien, werden durch die CEA Community derzeit weitere Archetypen und Assemblies erstellt. Diese werden über die CEA

Webseite zur Verfügung gestellt. Eigene Standorte können jederzeit durch die Definition eigener Archetypen erstellt werden. Als Datenquellen eignen sich dabei oftmals lokale Normen, Standards, oder verfügbare Gebäudedatenbanken.

7.5 Projekt und Szenarien anlegen

In den folgenden Abschnitten zeigen wir, welche Schritte notwendig sind, um ein Projekt in CEA anzulegen, beschreiben die notwendigen Eingabedaten, die Werkzeuge, die CEA für die Analyse anbietet, wie Ergebnisse visualisiert und welche Erkenntnisse dadurch gewonnen werden können. Zunächst wird mittels *Create Project* ein neues Projekt in CEA angelegt. Sollte das Projekt bereits erstellt worden sein, kann es mit *Open Project* geöffnet werden. Im CEA können verschiedene Szenarien eines Projektes angelegt werden. Die Arbeit in Szenarien ist eine wirkungsvolle Methode, um zukünftige Entwicklungen von Gebäuden und Quartieren zu untersuchen. Hierfür können verschiedene Szenariotechniken angewendet werden, diese werden in den Publikationen von [61, 62] näher beschrieben.

Unter *Create Scenario* (siehe Abb. 7.2) kann ein erstes Szenario eines Standortes oder, über das ‚+' auf der CEA Oberfläche, ein neues Szenario eines bestehenden Standortes erzeugt werden. Hierfür kann eine bereits vorhandene Datenbank eines Standortes verwendet werden, z. B. aus der Schweiz (*CH*). Diese enthält bereits alle Eingabedaten, die für eine Modellierung eines Quartiers in diesem geographischen Kontext ausreichend sind. Sie

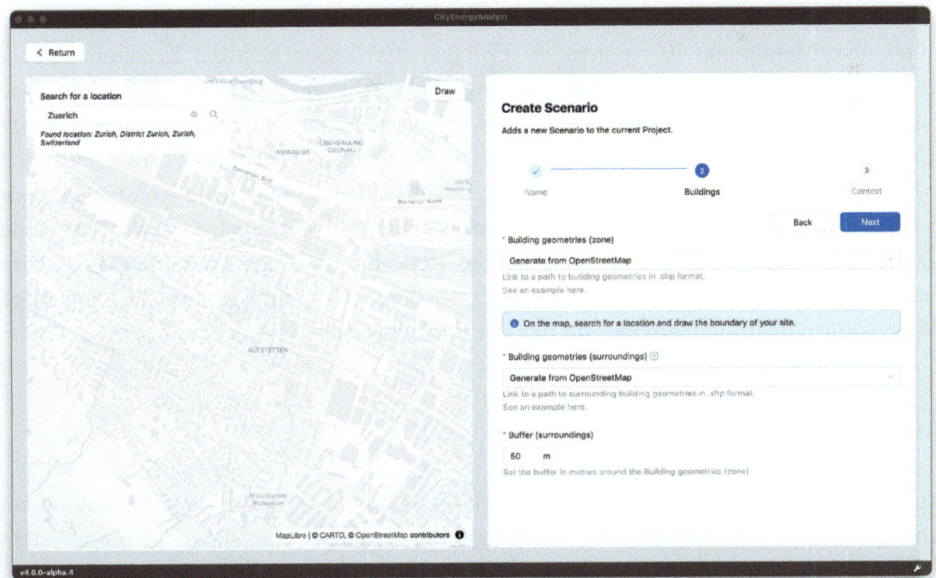

Abb. 7.2 Anlegen eines Szenarios mit in CEA; Auswahl der Eingabedaten

können und müssen oft aber für den spezifischen Fall noch angepasst werden. Basisdaten für die Gebäude wie z. B. deren Grundgeometrie und verschiedene Eigenschaften können direkt von Open Street Map übernommen werden und werden ebenfalls erzeugt, so z. B. die Umgebung (*Surroundings*), die Strassen (*Streets*), und das Terrain (*Terrain*).

Für das Wetter können bereits hinterlegte Wetterdaten verschiedener Wetterstationen ausgewählt werden wie z. B. *ZuerichSMA2016*. In der Version 4.0 des CEA können auch standortspezifische Wetterdaten über climate.onebuilding.org[3] bezogen werden. Alternativ können auch eigene, z. B. lokale Wetterdaten erstellt und in CEA geladen werden. Nach der Auswahl der Gebäude auf der Karte wird das Szenario erzeugt. Auch die Gebäude in seiner unmittelbaren Umgebung werden mit erzeugt, um Einflüsse wie z. B. die gegenseitige Verschattung zu berücksichtigen.

7.6 Projektdatenbanken

Die Eingabedaten für eine Berechnung werden im CEA über Datenbanken organisiert. Je nach Standort ist eine solche Datenbank bereits im CEA vorhanden. Im *Database Editor* können die Eingabedaten für alle Parameter eingesehen und angepasst werden. Die Datenbank lässt sich in drei Kategorien unterteilen, Komponenten (*Components*), Bauteilgruppen (*Assemblies*) und Archetypen (*Archetypes*).

7.6.1 Komponenten

Unter dem Menüpunkt Komponenten (*Components*) lassen sich die Komponenten der Energieversorgung z. B. für die Optimierung (siehe Abschn. 7.9) näher definieren. Dazu zählen diverse Umwandlungstechnologien für erneuerbare und fossile Energieträger (*Conversion*), die einen Energieträger in eine für Gebäude nutzbare Form umwandeln, z. B. in Wärme oder Strom (siehe Abb. 7.3). Darüber hinaus können die Komponenten der Wärme- und Kälteverteilung, wie sie für Fernwärme und -kältenetze verwendet werden (*Distribution*), definiert werden. Wichtig sind weiterhin die Angaben zu den verfügbaren Energieträgern vor Ort (*Feedstocks*) wie z. B. deren CO_2-Emissionen. Die jeweiligen Werte können übernommen oder für den spezifischen Ort bzw. Kontext angepasst werden.

7.6.2 Bauteilgruppen

Unter den Menüpunkten der Bauteilgruppen (*Assemblies*) lassen sich Aufbauten und Konfigurationen von Bauteilen der Gebäudehülle, der Heiz-, Kühl-, und Lüftungssysteme

---

[3] climate.onebuilding.org.

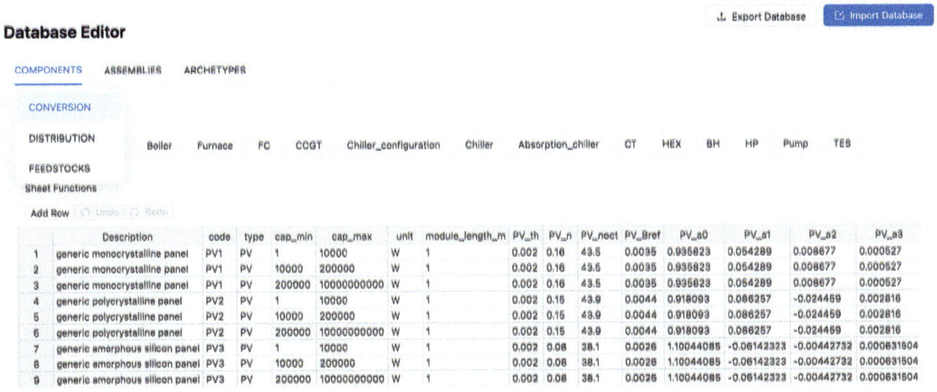

	Description	code	type	cap_min	cap_max	unit	module_length_m	PV_th	PV_n	PV_noct	PV_Bref	PV_a0	PV_a1	PV_a2	PV_a3
1	generic monocrystalline panel	PV1	PV	1	10000	W	1	0.002	0.16	43.5	0.0035	0.935823	0.054289	0.008677	0.000527
2	generic monocrystalline panel	PV1	PV	10000	200000	W	1	0.002	0.16	43.5	0.0035	0.935823	0.054289	0.008677	0.000527
3	generic monocrystalline panel	PV1	PV	200000	10000000000	W	1	0.002	0.16	43.5	0.0035	0.935823	0.054289	0.008677	0.000527
4	generic polycrystalline panel	PV2	PV	1	10000	W	1	0.002	0.15	43.9	0.0044	0.918093	0.086257	-0.024459	0.002816
5	generic polycrystalline panel	PV2	PV	10000	200000	W	1	0.002	0.15	43.9	0.0044	0.918093	0.086257	-0.024459	0.002816
6	generic polycrystalline panel	PV2	PV	200000	10000000000	W	1	0.002	0.15	43.9	0.0044	0.918093	0.086257	-0.024459	0.002816
7	generic amorphous silicon panel	PV3	PV	1	10000	W	1	0.002	0.08	38.1	0.0026	1.10044085	-0.06142323	-0.00442732	0.000631504
8	generic amorphous silicon panel	PV3	PV	10000	200000	W	1	0.002	0.08	38.1	0.0026	1.10044085	-0.06142323	-0.00442732	0.000631504
9	generic amorphous silicon panel	PV3	PV	200000	10000000000	W	1	0.002	0.08	38.1	0.0026	1.10044085	-0.06142323	-0.00442732	0.000631504

Abb. 7.3 Komponenten für die Energiewandlung in der CEA Datenbank

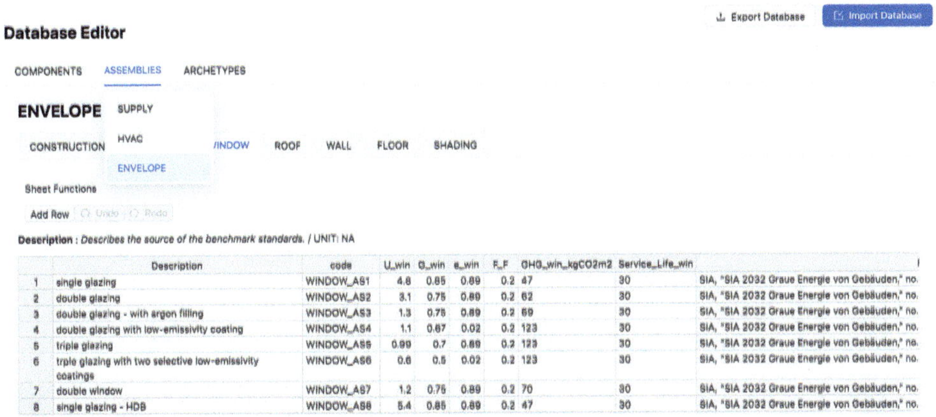

	Description	code	U_win	G_win	e_win	F_F	GHG_win_kgCO2m2	Service_Life_win	
1	single glazing	WINDOW_AS1	4.8	0.85	0.89	0.2	47	30	SIA, "SIA 2032 Graue Energie von Gebäuden," no.
2	double glazing	WINDOW_AS2	3.1	0.75	0.89	0.2	62	30	SIA, "SIA 2032 Graue Energie von Gebäuden," no.
3	double glazing - with argon filling	WINDOW_AS3	1.3	0.75	0.89	0.2	69	30	SIA, "SIA 2032 Graue Energie von Gebäuden," no.
4	double glazing with low-emissivity coating	WINDOW_AS4	1.1	0.67	0.02	0.2	123	30	SIA, "SIA 2032 Graue Energie von Gebäuden," no.
5	triple glazing	WINDOW_AS5	0.99	0.7	0.89	0.2	123	30	SIA, "SIA 2032 Graue Energie von Gebäuden," no.
6	trple glazing with two selective low-emissivity coatings	WINDOW_AS6	0.6	0.5	0.02	0.2	123	30	SIA, "SIA 2032 Graue Energie von Gebäuden," no.
7	double window	WINDOW_AS7	1.2	0.75	0.89	0.2	70	30	SIA, "SIA 2032 Graue Energie von Gebäuden," no.
8	single glazing - HDB	WINDOW_AS8	5.4	0.85	0.89	0.2	47	30	SIA, "SIA 2032 Graue Energie von Gebäuden," no.

Abb. 7.4 Bauteilgruppen der Gebäudehülle in der CEA Datenbank

sowie der Bereitstellung von Energie definieren. Diese Bauteilgruppen werden verwendet, um die Archetypen zu definieren (siehe Abschn. 7.6.3).

Gebäudehülle

Unter den Bauteilgruppen der Gebäudehülle *Envelope* finden sich Konstruktionstypen für die Gebäudehülle und deren relevante Parameter, so z. B. Wandaufbauten, Luftdichtigkeitsklassen, Verschattungtypen, und Fenstervarianten (siehe Abb. 7.4). Diese können je nach Bedarf angepasst oder ergänzt werden, um vor Ort bestehende Konstruktionen der Gebäude abzubilden.

Heizung, Kühlung, Strom

Unter dem Reiter *HVAC Assemblies* finden sich die verschiedenen Systemarchetypen, d. h. verschiedene technische Systeme der Gebäudeversorgung wie z. B. Heiz- und Kühlsysteme, Lüftungssysteme, sowie deren Laufzeiten über das Kalenderjahr, d. h. wann geheizt, gekühlt oder gelüftet wird. Ebenso kann die Regelung dieser Komponenten definiert werden.

Bereitstellung

Unter dem Reiter *Assemblies>Supply* kann definiert werden, welche Erzeugungsarten für die jeweiligen Systeme verwendet werden, z. B. für die Heizung oder Kühlung. Ebenso stehen verschiedene Optionen für den Netzstrom zur Verfügung. Die detaillierten Eigenschaften der technischen Systeme für die Gewinnung und Umwandlung von Energie z. B. durch Photovoltaik, Wärmepumpen oder Erdsonden können auf der gleichen Seite unter dem oberen Reiter *Components* definiert und für den Kontext angepasst werden.

7.6.3 Archetypen

Unter den Menüpunkten der Archetypen (*Archetypes*) lassen sich Standardkonstruktionstypen festlegen, die einer bestimmten zeitlichen Epoche zugeordnet werden können. Ebenso lassen sich Archetypen der Nutzung eines Gebäudes definieren:

Konstruktionsarchetypen

Unter dem Menüpunkt *Construction_Standard* (siehe Abb. 7.5) finden sich typische Konstruktionen von Gebäuden am gewählten Standort, aus verschiedenen zeitlichen Epochen. Da oftmals detaillierte Gebäudedaten nicht verfügbar sind ermöglichen es Archetypen, Gebäude anhand ihres Gebäudealters mittels typischer Konstruktionen zu definieren. Auf dieser Seite können diese Kategorien über die *Standard_Definitions* eingesehen

Abb. 7.5 Datenbanken: Konstruktions-Archetypen in CEA

und angepasst werden. Die hier angegebenen Standards beziehen sich auf das jeweilige Erstellungsjahr des Gebäudes. Wird ein Gebäude z. B. aus Open Street Map oder einer anderen Datenbank mit einem Gebäudejahr übernommen, wird diesem automatisch der der Jahreszahl entsprechende hinterlegte Standard zugeordnet. Die Standarddefinition besteht aus:

- einer typischen Außenwandkonstruktion mit Fensterflächen (*Envelope_Assemblies*),
- einer gebäudetechnischen Ausstattung (*HVAC_Assemblies*) mit einer typischen Nutzung und Angaben von Heiz- und Kühlsollwerten, etc.,
- und der Bereitstellung von Wärme, Kälte und Strom (*Supply_Assemblies*).

Nutzungsarchetypen

Unter dem Menüpunkt *Use_types* lassen sich Nutzungsarchetypen näher definieren. Dies betrifft insbesondere Sollwerte für den Innenraumkomfort wie z. B. für die Heizung und Kühlung und die Luftfeuchte, nach denen die technischen Systeme geregelt werden. Weiterhin können interne Lasten, verursacht durch elektrische Geräte, Beleuchtung oder andere nutzerspezifische Tätigkeiten, definiert werden. Über die *Schedules* kann die Belegung der verschiedenen Nutzungstypen näher definiert werden. Diese beinhalten sowohl wie viele Personen relativ zur maximalen Anzahl pro Stunde sich im Raum befinden, wie auch spezifische für den jeweiligen Monat, um z. B. eine temporäre Belegung abbilden zu können. Wie im Menü auf der Seite ersichtlich, können die Belegungspläne für Personen, Geräte, Beleuchtung etc. aber auch für die Laufzeit verschiedener, energieintensiver Prozesse wie auch für die Nutzung von Elektromobilität definiert werden.

Alle Datenbanken können über die CEA Oberfläche oder über die dahinter liegenden Excel-Dateien, die sich in den Verzeichnissen der Projektstruktur befinden, editiert oder ergänzt werden. Für die Berechnung an einem neuen geographischen Standort müssen Eingabedaten wie z. B. die Konstruktionsarchetypen oder Emissionsdaten des lokalen Stromnetzes, für den lokalen Kontext angepasst oder neu angelegt werden.

7.7 Eingabe-Editor

Im Eingabe-Editor (*Input Editor*, siehe Abb. 7.6) kann ein Standort gesucht und über die Karte die Gebäude, deren Eigenschaften sowie deren Kontext und Umgebung ausgewählt und generiert werden. In der Tabelle darunter können die jeweiligen Parameter der erzeugten Objekte überprüft und angepasst werden. Ein Anpassung dieser Basisdaten ist oft notwendig, da die auf OSM verfügbaren Informationen, je nach Standort, oft nicht vollständig oder fehlerhaft sind. Jedes generierte Gebäude wird zunächst automatisch gemäß seines Baujahrs mit einem Standard versehen (siehe Abschn. 7.6.3).

Unter *zone* kann deren Geschossigkeit über und unterhalb der Grundfläche, die Gebäudehöhe und weitere Daten angepasst werden. Unter *typology* wird der jeweilige

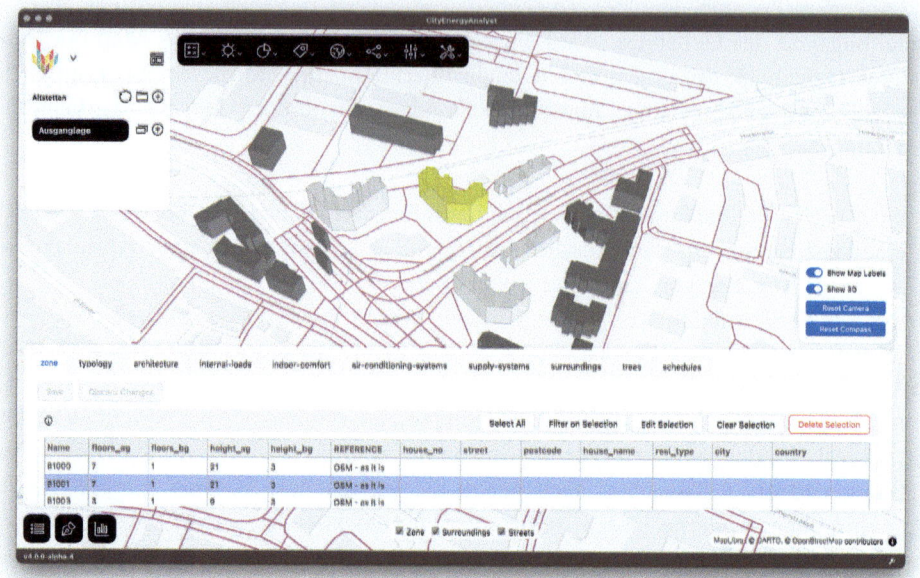

Abb. 7.6 Eingabe-Editor mit Kartenansicht

Name	YEAR	STANDARD	1ST_USE	1ST_USE_R	2ND_USE	2ND_USE_R	3RD_USE	3RD_USE_R
B1000	1957	Concrete and Masonry fron	MULTI_RES	1	NONE	0	NONE	0
B1001	1957				ONE	0	NONE	0
B1003	1957				ONE	0	NONE	0
B1004	1957				ONE	0	NONE	0
B1005	1957				ONE	0	NONE	0
B1007	1957	STANDARD2	MULTI_RES	1	NONE	0	NONE	0
B1009	1957	STANDARD2	MULTI_RES	1	NONE	0	NONE	0

STANDARD1 : Stone and Masonry from 1000's to 1920's
STANDARD2 : Concrete and Masonry from 1920's to 1970's
STANDARD3 : Concrete and Masonry from 1970's to 1980's
STANDARD4 : Concrete and Masonry from 1980's to 2000's
STANDARD5 : Concrete and Masonry from 2000's to 2020's

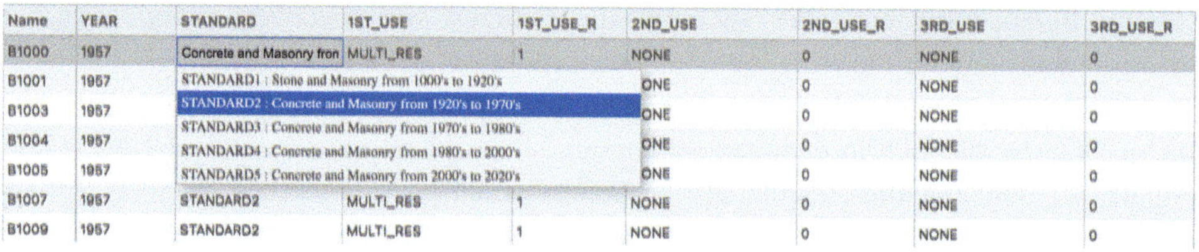

Abb. 7.7 Auswahl eines Gebäudestandards im Eingabe-Editor unter *typology*

Gebäudestandard aufgeführt der basierend auf den Daten aus OSM ausgewählt wurde (siehe Abb. 7.7). Dieser kann gemäß den in der Datenbank hinterlegen Archetypen und Nutzungstypen angepasst werden (siehe Abschn. 7.6). Über die weiteren Menüpunkte können alle relevanten Gebäudeparameter definiert werden und diese entweder aus den Datenbanken übernommen oder hier noch spezifisch angepasst werden.

Um weitere Eingabedaten automatisch zu erzeugen kann das Werkzeug *Archetype Mapper*, zu finden im Menü unter *Data Management>Archetypes Mapper*, verwendet werden. Das Werkzeug weist dem Nutzungstyp und Standard die jeweiligen Eingabewerte für die Nutzung, Konstruktion, HLK, Beleuchtung, und interne Wärmelasten zu. Unter den weiteren Reitern des Eingabe-Editors können die jeweiligen Kategorien weiter detailliert und angepasst werden, so z. B. das Fenster- zu Wandverhältnis jeder Fassade (siehe Abb. 7.8).

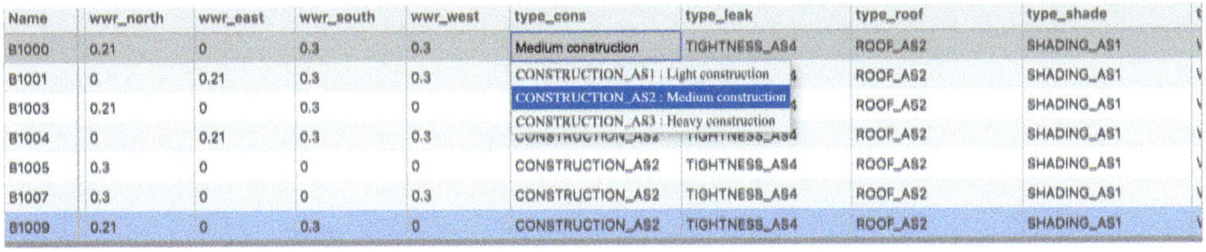

7.7 Eingabe-Editor

Abb. 7.8 Auswahl von Konstruktionsparametern im Eingabe-Editor unter *architecture*

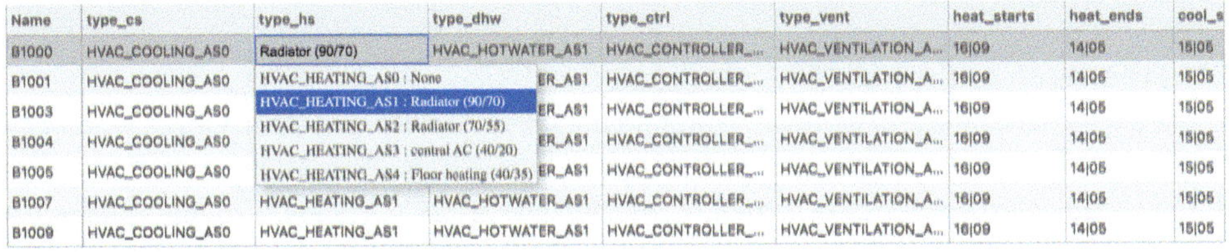

Abb. 7.9 Auswahl der Gebäudetechnik im Eingabe-Editor unter *air-conditioning-systems*

Unter *internal loads* können die jeweiligen spezifischen internen Lasten, die über die Archetypen definiert sind, für das Gebäude angepasst werden. So können z. B. die durchschnittliche Quadratmeterzahl pro Person, deren durchschnittliche Wärme- und Feuchteabgabe sowie die installierte Leistung von Elektrogeräten, Beleuchtung und Warmwasser angegeben werden. Diese Werte finden sich in den jeweiligen Normen, z. B. in der Schweizer SIA 2024. Unter *indoor comfort* können die Schwellwerte für Heizen und Kühlen sowie die minimale Luftwechselrate pro Person näher definiert werden. Diese definieren zusammen den *schedules/heating* bzw. *cooling* wann die Systeme auf welche Temperaturen geregelt werden. Unter dem Menüpunkt *air-conditioning-systems* können die installierten Heiz-, Kühl-, und Lüftungssysteme angepasst und detailliert werden, so z. B. die Arten der Wärmeemission in den Raum bzw. der für den Raum installierten Kühlaggregate, und wie sie geregelt werden. Ebenso kann die Heiz- und Kühlperiode definiert werden (siehe Abb. 7.9).

Unter *supply systems* kann definiert werden, wie die für das Gebäude genutzte Wärme bzw. Kälte erzeugt wird. Zur Auswahl stehen hier lokale Wärmeerzeugung, wie z. B. Wärmepumpen, wie auch zentral bezogene Kälte, wie z. B. über Kühlnetze. Für den jeweiligen Nutzungstyp muss noch das Nutzerverhalten definiert werden. Hierfür kann das Tool *Building Schedules* im Menü unter *Tools>Demand Forecasting>Building Schedules* verwendet werden. Zur Auswahl stehen ein deterministisches Modell, welches die jeweiligen Zonen eines Gebäudes gemäß eines festen ‚Fahrplans' belegt, und ein stochastisches Modell, welches die Zonen nach Wahrscheinlichkeiten belegt. Unter dem Menüpunkt *schedules* im Eingabe-Editor (siehe Abb. 7.10) kann schließlich die Nutzung der Gebäude weiter angepasst werden. Diese Daten sind relevant für die Berechnung der internen Gewinne und Lasten, die sich auf den Heiz- oder Kühlbedarf auswirken.

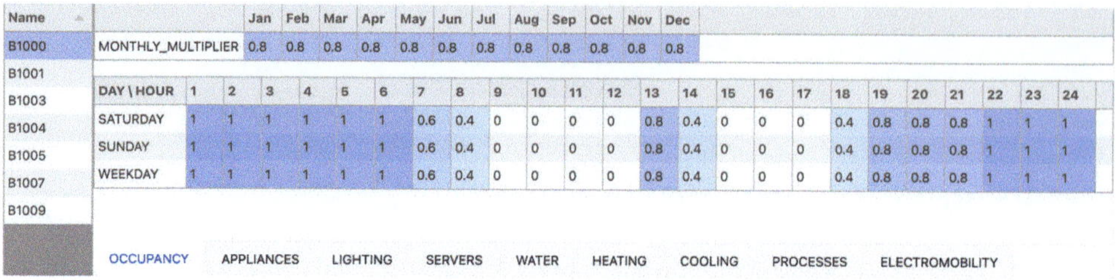

Name		Jan	Feb	Mar	Apr	May	Jun	Jul	Aug	Sep	Oct	Nov	Dec												
B1000	MONTHLY_MULTIPLIER	0.8	0.8	0.8	0.8	0.8	0.8	0.8	0.8	0.8	0.8	0.8	0.8												
B1001																									
B1003	DAY \ HOUR	1	2	3	4	5	6	7	8	9	10	11	12	13	14	15	16	17	18	19	20	21	22	23	24
B1004	SATURDAY	1	1	1	1	1	1	0.6	0.4	0	0	0	0	0.8	0.4	0	0	0	0.4	0.8	0.8	0.8	1	1	1
B1005	SUNDAY	1	1	1	1	1	1	0.6	0.4	0	0	0	0	0.8	0.4	0	0	0	0.4	0.8	0.8	0.8	1	1	1
B1007	WEEKDAY	1	1	1	1	1	1	0.6	0.4	0	0	0	0	0.8	0.4	0	0	0	0.4	0.8	0.8	0.8	1	1	1
B1009																									

OCCUPANCY   APPLIANCES   LIGHTING   SERVERS   WATER   HEATING   COOLING   PROCESSES   ELECTROMOBILITY

Abb. 7.10 Auswahl der Nutzerbelegung im Eingabe-Editor unter *schedules*

Eingabedaten außerhalb CEA modifizieren

Die Eingabedaten bzw. Datenbanken können auch außerhalb der CEA Oberfläche bearbeitet und dann in CEA geladen werden. Sie liegen für den jeweiligen geographischen Standort als Microsoft Excel Dateien (*.xls) für *components*, *assemblies* und *archetypes* im *databases* im Verzeichnis des *CityEnergyAnalyst* am jeweiligen Installationsort.

7.8 Analysewerkzeuge im CEA

Der CEA bietet eine Reihe von leistungsfähigen Analysewerkzeugen (siehe Abb. 7.11) zur Analyse der zuvor definierten Gebäude und Quartiere an. Hier werden insbesondere die Werkzeuge vorgestellt, die für die integrierte architektonische oder städtebauliche Planung relevant sind. Für weitere Informationen, auch zu anderen Werkzeugen, wird der Leser auf die Website und Dokumentation des City Energy Analyst verwiesen. Wichtig: Vor der Verwendung der Werkzeuge müssen die jeweiligen Eingabedaten vollständig und sorgfältig definiert sein (siehe Abschn. 7.7), da sonst Berechnungen nicht ausgeführt werden können oder deren Ergebnisse nutzlos sein können.

7.8.1 Energiebedarf der Gebäude

Nach der Erstellung des Grundmodells kann mit dem CEA der Energiebedarf einzelner oder mehrerer Gebäude analysiert werden. Hierzu dient das Tool *Demand Forecasting* (siehe Abb. 7.14), welches die notwendigen Schritte für die Vorbereitung und die eigentliche Energiesimulation selber enthält. Für die thermische Energiesimulation müssen z. B. die internen Gewinne berechnet werden, um sie mit den Verlusten gegenrechnen zu können. Für die Berechnung verwendet CEA ein vereinfachtes, dynamisches Widerstands-Kapazitätsmodell (Englisch: resistance-capacitance oder rc-model). Das grundsätzliche Berechnungsmodell wird in der Publikation von Fonseca und Schlüter [91] beschrieben, siehe auch Abb. 7.12. Das Modell unterscheidet zwischen Wärmeverlusten und -gewinnen. Zu den Wärmeverlusten zählen die Wärmeverluste über die Gebäudehülle sowie die

7.8 Analysewerkzeuge im CEA

Abb. 7.11 Die Menüelemente des CEA: Szenarioauswahl (oben links), Werkzeugleiste (oben mitte), Parameterauswahl bei aktiviertem Werkzeug (rechts, hier: Building solar radiation), Kartenansicht (unten rechts), Auswahl verschiedener Editoren (unten links), Infobox Gebäudeparameter (dunkles Feld in der Mitte, aktiviert durch den Mauszeiger)

Lüftungswärmeverluste. Zu den internen Gewinnen zählen die Wärmegewinne durch die Nutzer und Apparate sowie die solaren Gewinne. Das Modell berücksichtigt die thermische Masse des Gebäudes und ihre interne Wärmekapazität.

Solare Einstrahlung

Für die Berechnung des Energiebedarfes muss mit dem Tool *Solar Radiation >Building Solar Radiation* (siehe Abb. 7.13) zunächst die solare Einstrahlung simuliert werden, um die Wärmegewinne mit einzubeziehen. Die solare Einstrahlung wird mittels des im CEA integrierten *Daysim* [93] Models berechnet. Zunächst kann ausgewählt werden, für welche Gebäude die solare Einstrahlung berechnet werden soll, diese werden unter *Buildings* in der Eingabemaske angegeben. Weiterhin kann der Albedo der Umgebung definiert werden. Ein wichtiger Parameter ist die räumliche Auflösung der Einstrahlungssimulation. Hierzu kann unter *Level of Detail* die Rastergrösse für die Berechnung auf der Gebäudehülle und der Umgebung definiert werden. Eine höhere Auflösung hat längere Berechnungszeiten zur Folge. Unter *Advanced* können einzelne Daysim-Parameter angepasst werden, falls detaillierte Informationen vorhanden sind. Über *Run Script* wird die solare Einstrahlung für die ausgewählten Gebäude berechnet und dem Modell hinzugefügt.

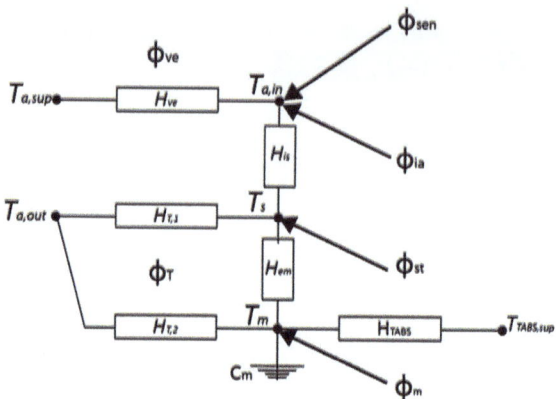

Abb. 7.12 Widerstands-Kapazitäts-Modell für die thermische Simulation in CEA [91]. Die drei Knoten des Wärmemodellnetzes, $T_{a,in}$, T_s und T_m, repräsentieren jeweils die Raumlufttemperatur, die mittlere Strahlungstemperatur und die Temperatur der thermischen Masse des Gebäudes. Die Wärmeströme aus internen Wärmegewinnen und solaren Wärmequellen werden auf die drei Knotenpunkte aufgeteilt. Diese Verteilung berücksichtigt die Energiemenge, die von der thermischen Masse des Gebäudes entsprechend ihrer internen Wärmekapazität C_m absorbiert oder abgegeben wird. ϕ_T repräsentiert die Transmissionswärmeverluste über die Gebäudehülle, ϕ_{ve} die Verluste über die Lüftung. Die Begriffe H_{TABS} und $T_{TABS,sup}$ stehen für den Wärmedurchgangskoeffizienten und die Vorlauftemperatur in thermisch aktivierten Oberflächen (sofern vorhanden)

Abb. 7.13 Berechnung der solaren Einstrahlung

7.8 Analysewerkzeuge im CEA

Abb. 7.14 Werkzeuge *Demand forecasting*

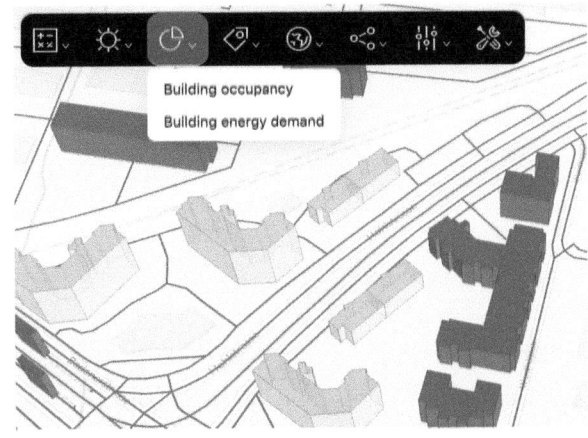

Nutzerprofile

Um die internen Gewinne sowie den elektrischen Energiebedarf zu berechnen, ist die Definition von Nutzerprofilen notwendig (siehe Abschn. 6.8.7). Unter *Demand forecasting>Building occupancy* können automatisch Profile für einzelne oder alle ausgewählten Gebäude generiert werden. Zudem kann die Art der Generierung, deterministisch oder stochastisch, ausgewählt werden. Über *Run Script* werden die Nutzerprofile generiert und dem Modell hinzugefügt (Abb. 7.14).

Energiebedarf

Unter *Demand forecasting>Building Energy Demand* kann schließlich der thermische und elektrische Energiebedarf der ausgewählten Gebäude ausgerechnet werden. Hier kann auch festgelegt werden, ob dies für einzelne oder alle Gebäude berechnet werden soll. Über *Run Script* wird der thermische Energiebedarf unter Einbeziehung aller Komponenten des Modells berechnet. Die Ergebnisse der Energieberechnung können über das Dashboard (siehe Abschn. 7.11) visualisiert werden.

7.8.2 Lebenszyklusanalyse

Das Lebenszyklusanalyse-Tool *Life Cycle Analysis* erlaubt eine partielle, vereinfachte Abschätzung der Gesamtemissionen der Gebäudeülle. Dabei werden die Lebenszyklusstufen (siehe auch Abb. 6.7) der Produktion der Bauteile, der Erstellung, der Betrieb des Gebäudes und der Abbau bzw. die Wiederverwertung berücksichtigt. Das Tool kann z. B. verwendet werden, um die Emissionen für die Herstellung der Gebäudehülle mit den resultierenden Betriebsemissionen zu vergleichen. Die Analyse ist in die Optimierung (siehe Abschn. 7.9) integriert. Für die Berechnung der Betriebsemissionen wird die Berechnung des Energiebedarfs mit den gewählten Heiz-, und Kühlsystemen und den Eigenschaften

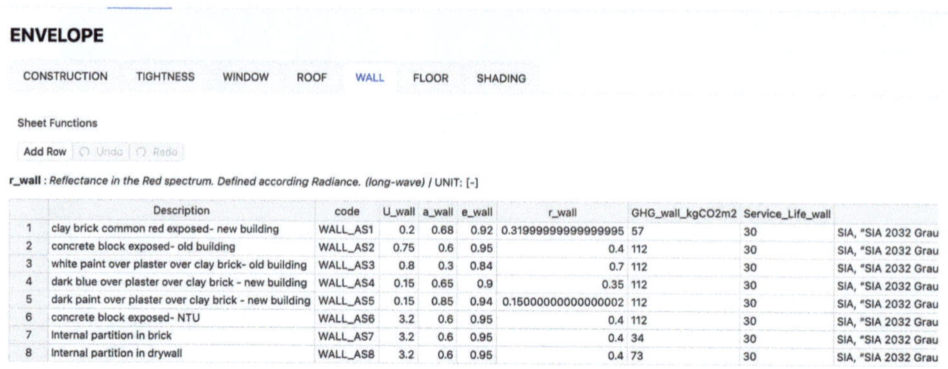

ENVELOPE

CONSTRUCTION   TIGHTNESS   WINDOW   ROOF   **WALL**   FLOOR   SHADING

Sheet Functions

Add Row | Undo | Redo

r_wall : Reflectance in the Red spectrum. Defined according Radiance. (long-wave) / UNIT: [-]

	Description	code	U_wall	a_wall	e_wall	r_wall	GHG_wall_kgCO2m2	Service_Life_wall	
1	clay brick common red exposed- new building	WALL_AS1	0.2	0.68	0.92	0.319999999999995	57	30	SIA, "SIA 2032 Grau
2	concrete block exposed- old building	WALL_AS2	0.75	0.6	0.95		0.4	112	30	SIA, "SIA 2032 Grau
3	white paint over plaster over clay brick- old building	WALL_AS3	0.8	0.3	0.84		0.7	112	30	SIA, "SIA 2032 Grau
4	dark blue over plaster over clay brick - new building	WALL_AS4	0.15	0.65	0.9		0.35	112	30	SIA, "SIA 2032 Grau
5	dark paint over plaster over clay brick - new building	WALL_AS5	0.15	0.85	0.94	0.150000000000002	112	30	SIA, "SIA 2032 Grau
6	concrete block exposed- NTU	WALL_AS6	3.2	0.6	0.95		0.4	112	30	SIA, "SIA 2032 Grau
7	Internal partition in brick	WALL_AS7	3.2	0.6	0.95		0.4	34	30	SIA, "SIA 2032 Grau
8	Internal partition in drywall	WALL_AS8	3.2	0.6	0.95		0.4	73	30	SIA, "SIA 2032 Grau

Abb. 7.15 LCA-Parameter für die Gebäudehülle im Werkzeug *Envelope>Wall*

der übergeordneten Versorgungssysteme, wie z. B. dem Stromnetz, kombiniert. Sie müssen vorab definiert bzw. berechnet werden.

Die Emissionswerte für Bauteile wie z. B. der Konstruktion, der Versorgungssysteme und Netze sind in der Standardversion des CEA der Schweizer KBOB-Datenbank entnommen [69]. Für die Berechnung der Erstellungsemissionen wird sowohl die Erstellung wie auch die Entsorgung berücksichtigt. Diese können für die verschiedenen Konstruktionen bzw. Archetypen in der Datenbank unter ‚*Database Editor>Assemblies>Envelope>Wall*' im Feld *GHG_wall_kgCO2m2* definiert werden (siehe Abb. 7.15). Die Lebensdauer eines Gebäudes ist ein definierter Wert, der derzeit mit 60 Jahren angenommen wird. Die Lebensdauer einer Komponente wird ebenfalls aus der Schweizer SIA 2032 abgeleitet. Jede Komponente (z. B. Wand, Dach, Boden usw.) hat dabei eine unterschiedliche Lebensdauer. Diese können für jeden in der Datenbank unter dem gleichen Menüpunkt im Feld ‚*Service_Life_wall*' definiert werden.

Für die Berechnung der grauen Emissionen einer Komponente werden die Emissionen für die Erstellung und das Lebensende mit der Komponentenfläche und der Ersatzrate multipliziert. Die Ersatzrate ergibt sich aus der Lebensdauer eine Komponente geteilt durch die Lebensdauer des Gebäudes.

7.8.3 Energiepotentiale

Eine weitere, wichtige Analyse ist die der lokalen Energiepotentiale mit dem Werkzeug *Energy potentials* (Abb. 7.16). Ziel ist es, möglichst viel Energie für den Betrieb des Gebäudes aus der direkten Umgebung zu beziehen. Hier bieten sich insbesondere nahe Geothermie, Grund- und Seewasser, die Sonne bzw. deren Umwandlung durch Photovoltaik oder Solarthermie, sowie Abwärme aus Prozessen und Müllentsorgung an.

7.8 Analysewerkzeuge im CEA

Abb. 7.16 Werkzeuge *Energy Potentials*

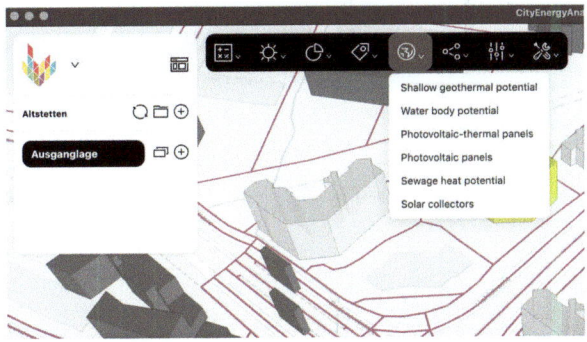

Oberflächennahe Geothermie

Unter oberflächennahe Geothermie (*Shallow geothermal potential*) wird die Nutzung von Wärme von der Erdoberfläche bis ca. 400 m Tiefe verstanden. Bis zu dieser Tiefe handelt es sich überwiegend um solare Wärme, die vom Boden aufgenommen wird. Bis zu einer Tiefe von ca. 15 m schwankt die Temperatur des Erdbodens also mit den Jahreszeiten, so dass es effizienter ist, mit einer vertikalen Erdwärmesonde in größere Tiefen zu bohren, um die Wärme unabhängig von den Jahreszeiten zu gewinnen und zu speichern. Oberflächennahe Geothermie benötigt Flächen, unter denen Erdwärmesonden gebohrt werden können. Dazu kann die Fläche der ausgewählten Gebäude angegeben werden, auch wenn dies im Falle einer Sanierung mit gewissen Einschränkungen versehen ist. Aus diesem Grund kann auch eine zusätzliche Fläche (*extra-area-available*) angegeben werden, auf der ebenfalls gebohrt werden kann. Zusätzlich kann die Bohrtiefe angegeben werden. Die gewählte Bohrtiefe hat großen Einfluss auf die Quellentemperatur des Heizsystems und ist somit bestimmend für dessen Effizienz.

Solare Potentiale

Vor der Berechnung der solaren Potentiale muss die Berechnung der Solarstrahlung durchgeführt werden (siehe Abschn. 7.8.1). Mit dem Tool *Photovoltaic Panels* kann berechnet werden, wie viel Strom mittels PV-Modulen anhand der auftreffenden Solarstrahlung am Gebäude produziert werden kann. Hierbei kann ausgewählt werden, ob für die Platzierung das Dach und bzw. oder die Fassade berücksichtigt werden soll. Für die Berechnung des Ertrages ist der *radiation threshold*, der Strahlungsgrenzwert, ein wichtiger Parameter. Mit diesem Grenzwert wird festgelegt, ab wie viel empfangener solarer Einstrahlung (in kWh/m^2 pro Jahr) ein Solarmodul an der Gebäudehülle, d. h. Dach oder Fassade, platziert wird.

Je nach Kontext (geographische Lage, Position am Gebäude) werden Solarmodule unterschiedlich von der Sonneneinstrahlung erreicht. Daraus ergibt sich die solare Produktion des Moduls und damit seine ökologische und ökonomische Rentabilität. Ab welcher Einstrahlung ein Solarmodul ökologisch und ökonomisch rentabel ist, hängt vom örtlichen Stromnetz, dessen Treibhausgasemissionen sowie den Preisen für Strombezug und -

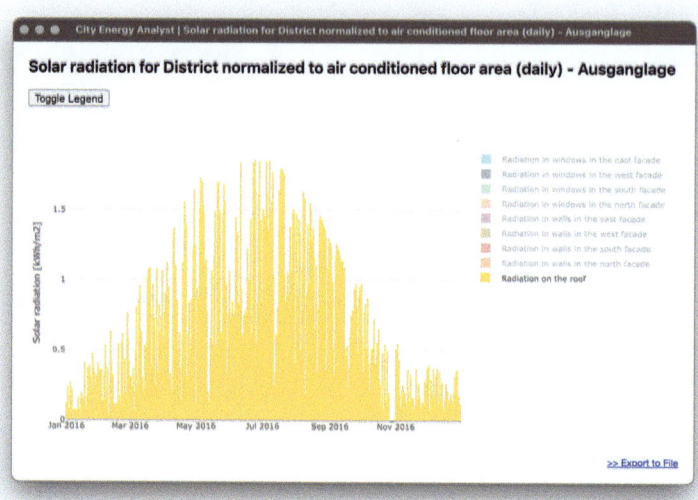

Abb. 7.17 Berechnung und Visualsierung der solaren Einstrahlung auf der Dachfläche

Einspeisung ab. Je niedriger der Grenzwert im CEA gesetzt wird, desto mehr Solarmodule werden auf der gewählten Gebäudegeometrie installiert und desto mehr Strom kann produziert werden. Bei hohen Treibhausgasemissionen des Stromnetzes lohnt sich der Einsatz von Solarmodulen aus ökologischer Sicht bereits an weniger gut besonnten Stellen des Gebäudes, d. h. bereits ab einem niedrigeren Grenzwert. Im Fall von Stromnetzen mit bereits sehr geringen Treibhausgasemissionen, wie z. B. in Norwegen, kann die Stromproduktion mittels Photovoltaik allerdings zu höheren Treibhausgasemissionen führen, als wenn er direkt aus dem Netz bezogen wird. Dies ist derzeit jedoch nur in wenigen Ländern der Fall, die über ausnehmend hohe Potenziale für Stromerzeugung aus erneuerbaren Energien verfügen, hauptsächlich aus Wasserkraft. Die solare Einstrahlung auf verschiedene Flächen kann über das dashboard visualisiert werden, z. B. für die Dachfläche (Abb. 7.17), und, im Vergleich dazu, auf der Fassadenfläche (Abb. 7.18).

Ebenso kann im Tool definiert werden, wie viel der verfügbaren Fläche der Gebäudegeometrie (Dach und opake Fassade) mit Solarmodulen belegt werden kann. Hierbei müssen Dachaufbauten sowie Fassadenelemente wie z. B. Fenstersimse und Balkone abgeschätzt werden. Realistisch sind Ausnutzungwerte von 60–80 % der verfügbaren Fläche. Schließlich kann auch der Neigungswinkel der Module spezifiziert werden. Am Standort Zürich z. B. ist ein Neigungswinkel von ca. 31° optimal für maximale Stromproduktion. Allerdings muss berücksichtigt werden, dass nicht nur die maximale Produktion, sondern auch die Verteilung der Produktion über das Jahr wichtig ist. Im Winter werden in geographischen Lagen wie Mitteleuropa stärker geneigte Flächen wie z. B. an Fassaden stärker beschienen und produzieren so mehr Strom in der Heizperiode. CEA berücksichtigt dabei für die Einstrahlungsberechnung die geographische Lage und

7.8 Analysewerkzeuge im CEA

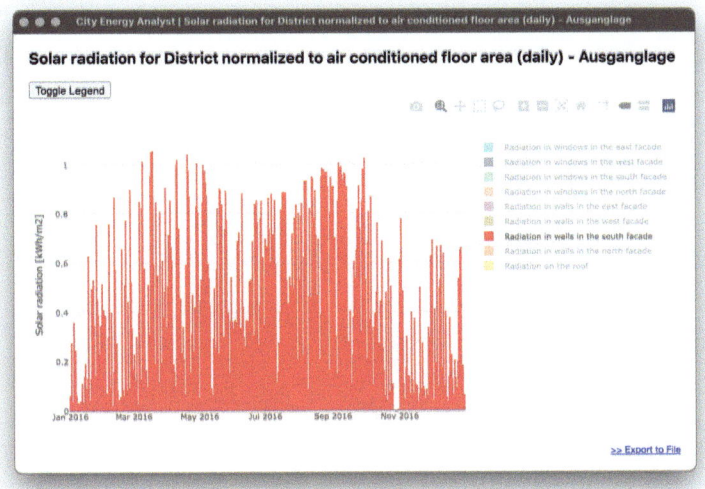

Abb. 7.18 Berechnung und Visualsierung der solaren Einstrahlung an den Südfassaden

die umliegenden Gebäude bzw. deren Schattenwurf. Für die Ertragsberechnung können über *type pvpanel* verschiedene Solarmodultypen ausgewählt werden, deren Eigenschaften in der Datenbank hinterlegt sind bzw. angepasst werden können. Es können auch eigene Solarmodule mit spezifischen Eigenschaften angelegt werden.

7.8.4 Thermische Netze

Über das Tool *Networks* können Nahwärme bzw. -Kältenetze simuliert werden. Hierfür muss zunächst mit dem Werkzeug *Demand forecasting* der Energiebedarf berechnet werden. Zunächst wird das Netz geometrisch bestimmt, d. h. welche Gebäude über eine möglichst kurze Strecke miteinander verbunden werden. Ob die Gebäude mit Wärme oder Kälte versorgt werden sollen kann über das Feld *network-type* (DC – District Cooling, DH – District Heating) bestimmt werden. Zudem kann über *connected-buildings* ausgewählt werden, welche Gebäude miteinander verknüpft werden sollen. Ebenso kann die Heizzentrale an ein bestimmtes Gebäude gekoppelt werden. Falls dies nicht spezifiert wird, wird die Heizzentrale im Gebäude mit der größten Last, der Ankerlast, platziert. Über Angaben mit Feld *Advanced* können technische Details weiter spezifiziert werden, wie z. B. der Durchmesser der Versorgungsleitungen sowie deren Material, um die Wärmeverluste über die Leitungen zu berechnen.

Mit dem Tool *Thermal Network Part II* wird unter Verwendung des geometrischen Layouts das thermische Netzwerk berechnet. Unterschieden werden kann zwischen einer vereinfachten und einer detaillierten Berechnung des Netzwerkes. Weitere technische

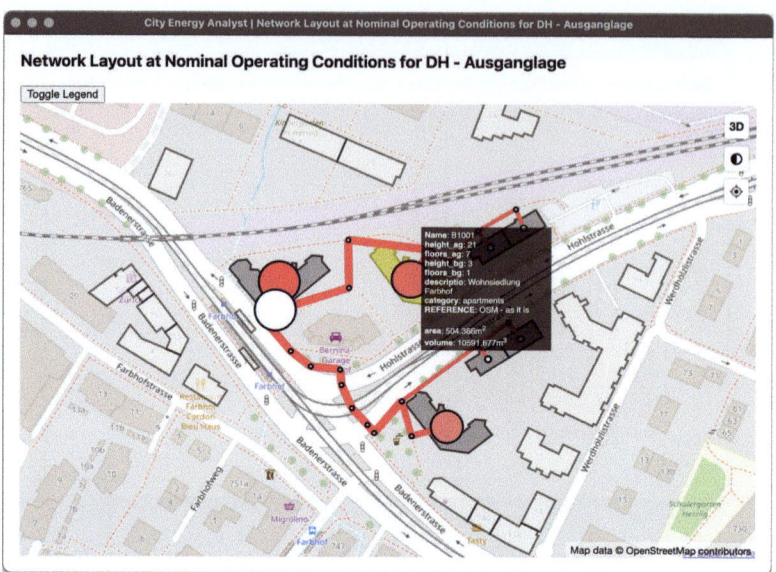

Abb. 7.19 Das Werkzeug *Thermal Networks* in CEA

Annahmen können spezifiziert werden, sofern bekannt, so z. B. die zu erwartende Druckverluste, Reibungsverluste in den Rohren, Flussraten oder -geschwindigkeiten sowie Vorlauftemperaturen. Das berechnete Netzwerk und seine Details kann auf einer Kartenansicht im dashboard visualisiert werden (siehe Abb. 7.19).

7.9 Optimierung

Mit dem Tool *Optimization* bietet CEA die Möglichkeit, automatisch, d. h. mittels Algorithmen ‚optimale' Lösungen für die Versorgung eines Distrikts mittels Fernwärme, -Kälte oder dezentralen Wärmeerzeugern zu identifizieren (siehe Abb. 7.20). Wichtig für ein Optimierungsverfahren ist die Entscheidung, für welches Ziel optimiert werden soll. Mögliche Ziele sind die Minimierung des Energiebedarfs, der Treibhausgasemissionen oder der Kosten. Häufig sollen jedoch unterschiedliche und zum Teil widersprüchliche Ziele gleichzeitig verfolgt werden, z. B. ein minimaler Energieverbrauch bei möglichst geringen Kosten. In diesem Fall spricht man von multikriterieller Optimierung. Da Lösungen in einem solchen Fall immer ein Abwägen zwischen verschiedenen Faktoren bedeuten, helfen Algorithmen, den möglichen Lösungsraum zu erschließen. Optimierungsverfahren, wie sie im CEA integriert sind, erlauben nicht nur die automatisierte Suche nach möglichst effizienten Lösungen anhand verschiedener Kriterien, sondern ermöglichen auch ein besseres Verständnis des Systemverhaltens. Aus der Analyse der Lösungsvorschläge kann abgeleitet werden, welche Systemkombinationen gut abschneiden, d. h. was die ‚DNA' guter Lösungen für die jeweilige Aufgabenstellung ist.

7.9 Optimierung

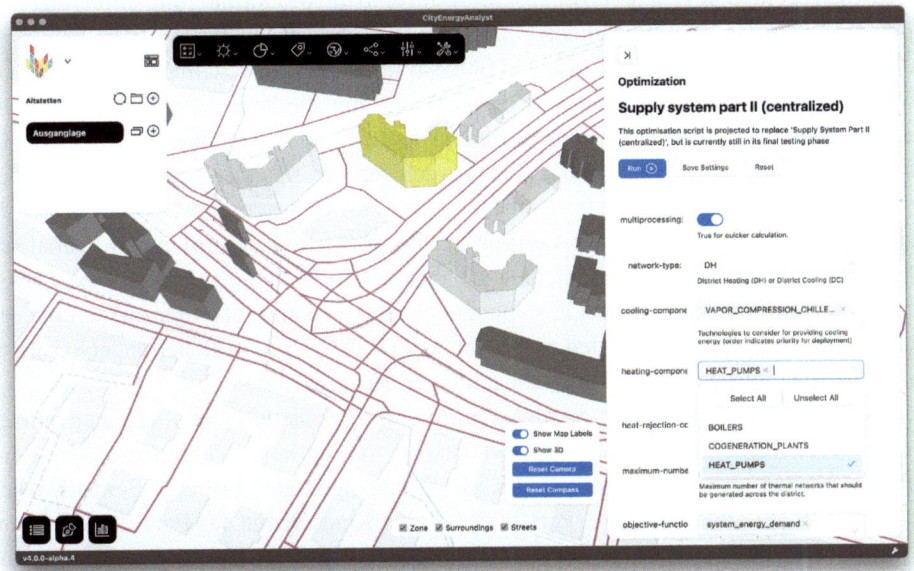

Abb. 7.20 Tool *Optimization* für die Suche nach optimalen Lösungen für die Versorgung eines Quartiers

Im CEA wird unterschieden zwischen der Optimierung von dezentralen Wärmeerzeugern wie z. B. Wärmepumpen oder zentralen Wärmeerzeugungssystemen wie z. B. Fernwärme bzw.-kälte. Unter dem Menüpunkt *Optimization>centralized* können die möglichen Optionen für die Suche eines optimalen Fernwärme oder -kältesystems definiert werden. Unter *network type* wird zunächst definiert, um welchen Typ Netzwerk, Fernwärme (*district heating (DH)*) oder -kälte (*district cooling (DC)*), es sich handelt. In den Feldern *heating-/cooling-/heat-rejection-components* können Wärme- und Kälteerzeuger sowie Wärmetauscher definiert werden, die untersucht werden sollen. Dabei können auch bestimmte Technologien ausgeschlossen werden. Unter *objective functions* können die Zielfunktionen definiert werden. Mögliche Zielfunktionen sind der Energiebedarf, die Treibhausgasemissionen und Kosten. Für die Untersuchung von Fernkältenetzen kann zusätzlich die Minimierung der Abwärme, die in den Stadtraum abgegeben wird, als Zielfunktion ausgewählt werden.

Damit eine Optimierung durchgeführt werden kann müssen vorher gewisse andere Berechungen ausgeführt worden sein. Insbesondere ist es notwendig den Energiebedarf der Gebäude im betrachteten Quartier zu kennen, sowie den Verlauf der Straßen und Wege im Quartier. Letztere werden als mögliche Trassen für die Verlegung von Fernwärme- und -Kälteleitungen verwendet. Zu beachten ist, dass je nach Anzahl der Gebäude, die Optimierung in CEA einige Berechnungszeit und Systemleistung benötigen kann.

Im CEA werden sogenannte genetische Algorithmen zur Optimierung eingesetzt [94]. Diese sind von der Evolutionstheorie inspiriert und ahmen den Prozess der natürlichen Auslese in der Natur nach, um Lösungen für bestimmte Probleme zu finden. Dabei werden einzelne Lösungen zufällig generiert, bewertet und nur die besten Lösungen weiterverwendet. Die ausgewählten Lösungen werden rekombiniert, um eine neue Generation zu erzeugen. Mit Hilfe von Mutationen werden zufällige Änderungen eingeführt, um neue Lösungsmöglichkeiten zu erforschen. Diese Schritte werden iterativ wiederholt, bis ein bestimmter Zielwert, z. B. ein bestimmter Energieverbrauch, erreicht ist. Genetische Algorithmen garantieren zwar nicht, dass die absolut beste Lösung gefunden wird, aber sie ermöglichen es, eine Vielzahl von leistungsfähigen Systemkombinationen zu identifizieren und vor allem deren Eigenschaften zu verstehen. Dieses Wissen kann helfen, eigenständig gute Lösungen für verwandte Aufgabenstellungen zu entwickeln.

Jede Lösung eines multikriteriellen Optimierungsproblemes die im Bezug auf ein Ziel, z. B. den Energieverbrauch, nicht verbessert werden kann ohne eine anderes Ziel, z. B. die Kosten, zu verschlechtern, gilt als ‚pareto-optimale' Lösung. Benannt wurde sie nach dem Wissenschaftler V. Pareto, der dieses Konzept für das Feld der Ökonomie entwickelte. In den *Dashboards* des CEA kann eine Paretofront für die Visualisierung der verschiedenen Lösungen ausgewählt werden. Sie zeigt die besten Lösungen, darunter die pareto-optimalen Lösungen, auf drei Achsen an (siehe Abb. 7.21). Die x-Achse verortet die Lösungen gemäß ihrer jährlichen Betriebskosten, die y-Achse im Bezug auf ihre Treibhausgasemissionen. Die Farbe der Punkte gibt die Investitionskosten der jeweiligen Lösung an, wie sie auf der Skala rechts angegeben sind. Auf diese Weise können Lösungen identifiziert werden, die im Hinblick auf ein oder mehrere Ziele besonders gut abschneiden.

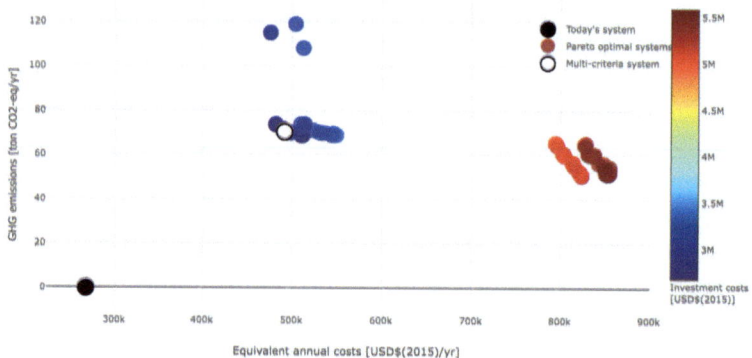

Abb. 7.21 Visualisierung der Paretofront im CEA

7.10 Workflows

Die Berechnungen im CEA können auch als automatisierte *workflows* ausgeführt werden. Anstatt jedes Tool einzeln in der Benutzeroberfläche auszuführen, kann eine Sequenz von Berechnungen bzw. Tools mit den gewünschten Einstellungen über die Konsole bzw. die Kommandozeile in Microsoft Windows oder Mac OS ausgeführt werden. Dies spart Aufwand und Zeit, wenn z. B. nach Änderungen am Entwurf, an der Geometrie oder an den Systemen die gleichen Berechnungen erneut durchgeführt werden sollen. Workflows werden in sog. *scripts* organisiert. CEA verfügt über eine Reihe bereits vorkonfigurierter workflows, es können aber auch eigene workflows angelegt werden. Dabei gilt es, wie bei der Verwendung der Oberfläche, die Reihenfolge zu beachten, da manche Tools auf die Berechnungsergebnisse eines anderen Tools aufbauen. So kann z. B. die Berechnung des Photovoltaik-Potentials nur ausgeführt werden, wenn vorher die Einstrahlungssimulation ausgeführt wurde. Eine detaillierte Anleitung zur Verwendung von workflows ist auf der CEA Webseite zu finden [96]. Auf der CEA Benutzeroberfläche (Version 4) können mit dem Werkzeug *Utilities >Batch Process Workflow* zudem eigene Workflows konfiguriert und ausgeführt werden.

7.11 Dashboards

Unter dem Menüpunkt *Plots* können die Berechnungsergebnisse der verschiedenen Modelle in CEA visualisiert werden. Hierzu kann entweder das bestehende Layout mit verschiedenen Visualisierungen gefüllt werden oder unter *New Dashboard* ein neues Layout angelegt und gespeichert werden. Mittels *Change Plot* im jeweiligen Layoutfenster kann eine bestehende Visualisierung ausgetauscht, mittels *Edit Plot* eine bestehende Visualisierung angepasst werden. Folgende Beispiele (Abb. 7.22 bis 7.25) zeigen thematisch zusammengestellte Visualisierungen, z. B. zum Thema Energiebedarf, -versorgung, solare Einstrahlung und Optimierung. Sie zeigen die Bandbreite verschiedener Visualisierungen, die CEA zur Verfügung stellt.

7.11.1 Berechnungsergebnisse als Datei

Die von CEA berechneten Ergegbnisse werden im Verzeichnis des Projektes als kommaseparierte Textdateien abgelegt. Sie können z. B. für eigene Visualisierungen in anderen Werzeugen verwendet werden. Darüber hinaus dienen sie dem Austausch mit anderen Programmen, die Berechnungsergebnisse des CEA verwenden können, so z. B. für die Optimierung von Gesamtenergiesystemen mit dem Tool *Calliope* [95].

Abb. 7.22 Beispiel für ein dashboard ‚Energiebedarf'

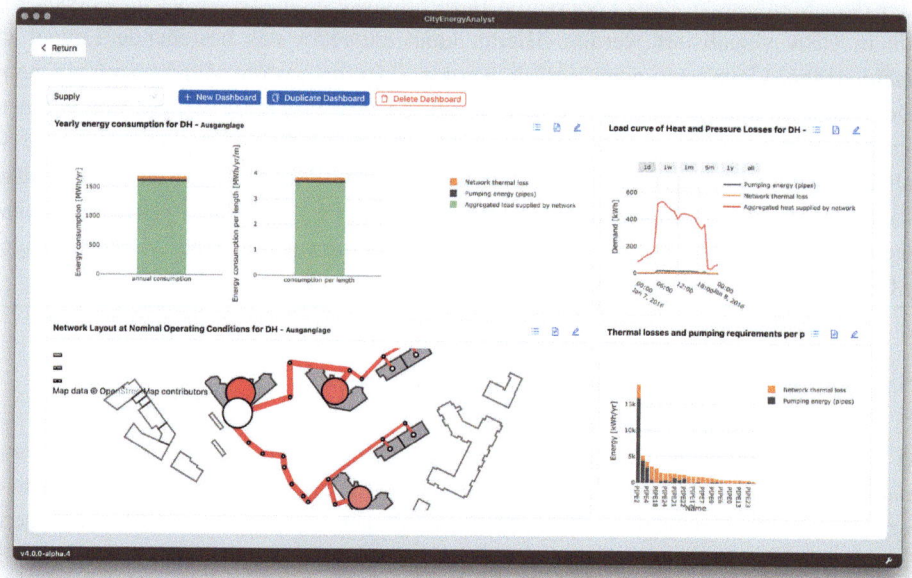

Abb. 7.23 Beispiel für ein dashboard ‚Energieversorgung'

7.11 Dashboards

Abb. 7.24 Beispiel für ein dashboard ‚Solare Energie/PV'

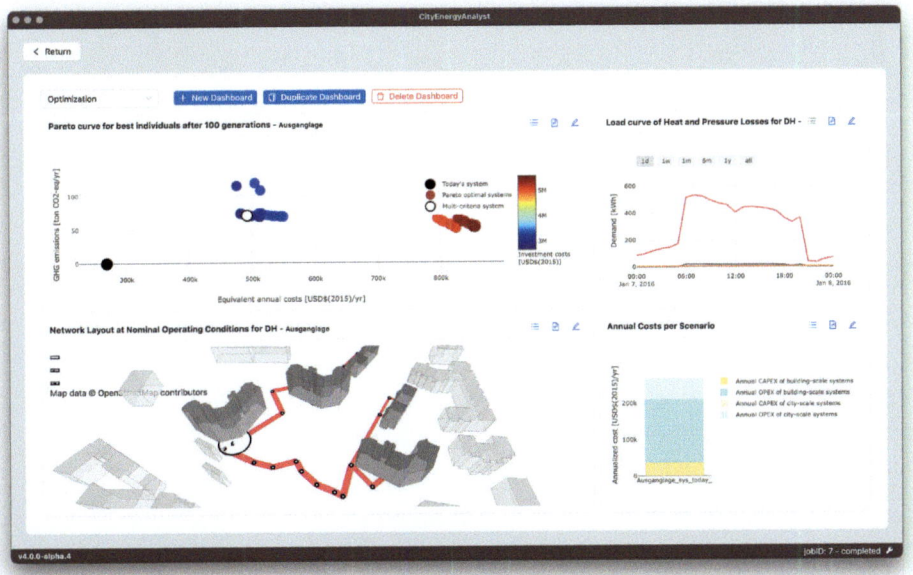

Abb. 7.25 Beispiel für ein dashboard ‚Optimierung'

Herausforderungen und Potentiale 8

> **Zusammenfassung**
>
> Der Einsatz von UBEM für den integrierten Entwurf nachhaltiger, emissionsarmer Distrikte und Städte birgt Potentiale und Herausforderungen, die in diesem Kapitel zusammengefasst werden. Zu den Herausforderungen zählen vor allem die Verfügbarkeit von Eingangsdaten, die Validierung der Ergebnisse und die Integration in bestehende Planungs- und Entscheidungsprozesse. Potenziale liegen jedoch in einem tieferen Verständnis der Wechselwirkungen verschiedener Faktoren in der Stadt und einer ganzheitlicheren Planung.

8.1 Herausforderungen

8.1.1 Verfügbarkeit und Korrektheit von Eingabedaten

Wie bei jeder Modellierung stellt die Verfügbarkeit von Eingabedaten auch für UBEM eine große Herausforderung dar. Dies hängt sowohl mit dem Vorhandensein als auch mit der Verfügbarkeit von Daten zusammen. Um Daten für die Modellierung nutzen zu können, müssen öffentliche und private Betreiber wie z. B. Energieversorger oder Liegenschaftsverwalter diese Daten erheben und zur Nutzung freigeben. Ist dies nicht möglich, muss auf öffentlich verfügbare Daten zurückgegriffen werden, wie z. B. von Open Street Map.

Wenn Daten vorhanden und zugänglich sind, ist ihre Aktualität und Richtigkeit nicht immer gewährleistet. So werden z. B. Änderungen nicht nachgeführt, Daten fehlen oder sind nicht korrekt. Da die Plausibilität und Korrektheit der Berechnungsergebnisse in direktem Zusammenhang mit der Qualität der Eingabedaten steht, kommt der Prüfung der Eingabedaten auf Vollständigkeit und Korrektheit eine große Bedeutung zu.

Wenn die Eingangsdaten nicht vollständig vorliegen, müssen an vielen Stellen Annahmen getroffen werden. Wie in Abschn. 6.5 beschrieben sind Annahmen mit Unsicherheiten behaftet und spiegeln bewusst oder unbewusst auch eine bestimmte Einstellung zu einem Sachverhalt wider, z. B. wenn es um die Lebensdauer von Objekten oder Technologien geht. Diese Annahmen sollten daher gut dokumentiert werden, um die Nachvollziehbarkeit der Ergebnisse zu gewährleisten.

8.1.2 Validierung der Ergebnisse

Auch die Validierung der verwendeten Modelle ist für den großen Maßstab eines UBEM eine Herausforderung. Häufig fehlen Realdaten z. B. zum Energieverbrauch ganzer Stadtteile oder Gesamtmaterialinventare zur Berechnung von Lebenszyklusemissionen. Während ‚living labs' auf Ebene der Gebäude in Forschung und Umsetzung vielerorts Einzug gehalten haben, ist dies für Quartiere aufgrund der Rahmenbedingungen nur schwer möglich. Aus diesem Grund müssen Ergebnisse von UBEM immer kritisch hinterfragt werden, z. B. ob sie plausibel sind und im erwarteten Rahmen liegen.

8.1.3 Integration in den Planungsprozess

Schließlich hängt die effektive Nutzung des UBEM davon ab, in wie weit ein UBEM-basierter Entwurfs- bzw. Planungsprozess mit den Beteiligten umgesetzt werden kann. Dies hängt zum einen von den Kenntnissen und Fähigkeiten der Beteiligten im Bereich der energetischen Modellierung und der Nutzung von UBEM ab. Wesentlich ist aber auch die Struktur des Planungs- und Entscheidungsprozesses, die eine ganzheitliche Betrachtung über verschiedene Bereiche und Fragestellungen hinweg ermöglicht (Städtebau, Energieplanung, Verkehr).

8.2 Potenziale

8.2.1 Das ‚System Stadt' besser verstehen

Wenn eine ganzheitliche Betrachtung mittels UBEM im Planungs-und Entscheidungsprozess eingesetzt werden kann, ermöglicht sie den Beteiligten, die Abhängigkeiten und Wechselwirkungen der verschiedenen Planungsparameter besser zu verstehen und vor allem zu quantifizieren. Dabei ist nicht unbedingt die absolute Zahl des Ergebnisses relevant, die oft eine Genauigkeit vortäuscht, die es aufgrund der Vielzahl von Annahmen und Unsicherheiten nicht gibt. Vielmehr ist es wichtig, die ‚Mechanik' bestimmter Abhängigkeiten zu verstehen, d. h. wie die Veränderung bestimmter Parameter die Ergebnisse, aber auch andere Parameter beeinflusst, z. B. wie die Veränderung von Gebäudeform, -ausrichtung und -höhe den Solarertrag eines Quartiers beeinflusst oder welchen Einfluss Sanierungen mit bestimmten Materialien auf die CO_2-Emissionen oder das Kohlenstoffspeicherpotenzial eines Quartiers haben. Ziel des Einsatzes von UBEM ist es, durch seine Anwendung über viele Fragestellungen und Anwendungsszenarien hinweg Erfahrungen über solche Wechselwirkungen zu sammeln. Aus diesen Erfahrungen können so eigene Heuristiken gebildet werden, die schnell und effektiv auch ohne UBEM im Planungsprozess eingesetzt werden können.

8.2.2 Ausblick in eine datenreiche Zukunft

Die zunehmende Verfügbarkeit von Daten z. B. des Energieverbrauches grosser Gebäudebestände [97], aber auch die Entwicklung neuer Verfahren für die Erzeugung von Daten im Stadtraum, z. B. durch smart metering, drohnenunterstützte Thermographieaufnahmen oder Bildbestände z. B. über Google Street View fördern die Entwicklung neuer, datengestützter Verfahren, mit denen UBEM ergänzt oder erweitert werden können. Hier kommt die gesamte Bandbreite der Künstlichen Intelligenz (KI) zum Einsatz, vom unüberwachten Lernen von Gebäudegruppen nach bestimmten Eigenschaften über generative Verfahren bis hin zu großen Sprachmodellen, die neue Schnittstellen zwischen Nutzer und Daten bzw. vorhandenem Wissen ermöglichen. Von besonderem Interesse sind Verfahren, die multimodale Daten nutzen, z. B. Bilddaten mit kategorialen oder numerischen Daten verknüpfen. Es ist davon auszugehen, dass durch die zunehmende Bereitstellung von Daten in den kommenden Jahren eine Vielzahl neuer, spannender Ansätze und Werkzeuge aus dem Bereich der KI hervorbringen wird. Die Tatsache, dass sich viele dieser Modelle unserem Verständnis darüber entziehen, wie die Ergebnisse genau zustande kommen, macht es erforderlich, den Ergebnissen gegenüber ebenso kritisch zu sein wie bei der Verwendung von UBEM. Auch hinsichtlich ihrer durch die historischen Trainingsdaten mitgelernten Weltsicht müssen die Ergebnisse KI-gestützter Methoden immer kritisch hinterfragt werden.

Erratum zu: Digitale Simulation im Entwurf

Erratum zu: A. Willmann, A. Schlüter, *Digitale Simulation im Entwurf,*
https://doi.org/10.1007/978-3-658-47397-6

Aufgrund eines Versehens wurde dieses Buch bedauerlicherweise vor Ausführung aller Korrekturen veröffentlicht und deshalb nachträglich aktualisiert. Neben geringfügigen Anpassungen, die hier nicht aufgeführt werden, wurden folgende wichtige Änderungen umgesetzt:

- Die Hochschulzugehörigkeit der Autorin Anja Willmann wurde von „Fachbereich Architektur, Jade University of Applied Sciences, Oldenburg, Deutschland" zu „Fachbereich 1: Architektur – Bauingenieurwesen – Geomatik, Frankfurt University of Applied Sciences, Frankfurt, Deutschland" korrigiert.
- In Kapitel 3 waren einige Abbildungen und Abbildungslegenden vertauscht und wurden nun richtig angeordnet.
- An mehreren Stellen wurde die falsche Schreibweise des Software-Tools „Rhinocerus 3D" zu „Rhinoceros 3D" korrigiert.

Die aktualisierte Version dieses Buchs finden Sie unter
https://doi.org/10.1007/978-3-658-47397-6

© Der/die Autor(en), exklusiv lizenziert an Springer Fachmedien Wiesbaden GmbH, ein Teil von Springer Nature 2025
A. Willmann, A. Schlüter, *Digitale Simulation im Entwurf,*
https://doi.org/10.1007/978-3-658-47397-6_9

Literaturverzeichnis

1. Pfeifer S, Rechid D, Bathiany S: Klimaausblick Deutschland. Dezember 2020, Climate Service Center Germany (GERICS) online abgerufen am 02.04.2024
2. Die SSP-Szenarien. IN: Deutsches Klimarechenzentrum. https://www.dkrz.de/de/kommunikation/klimasimulationen/cmip6-de/die-ssp-szenarien online abgerufen am 02.04.2024
3. Borie A (2019) Urban Dwellings in Jaipur, Rajasthan. IN: Schittich C Vernacular Architecture. Atlas for living throughout the world: p220
4. Saranya Ghosh, CC BY-SA 3.0, https://creativecommons.org/licenses/by-sa/3.0, via Wikimedia Commons
5. Picture from Flickr by Dan. CC BY-SA 2.0 online abgerufen am 18.06.2024
6. Fanger O, Toftum J (2002) Extension of the PMV model to non-air-conditioned buildings in warm climates. Energy and Buildings. Volume 34. Issue 6. 2002. pp 533-536. ISSN 0378-7788. https://doi.org/10.1016/S0378-7788(02)00003-8
7. Schittich C (2019) The dwelling house in traditional architecture. IN: Schittich C Vernacular Architecture. Atlas for living throughout the world: p16
8. Nagler F (2021) Einfach Bauen - ein Leitfaden. ISBN: 978-3-0356-2468-7
9. Forschungsprojekt Einfach Bauen. online verfügbar unter: https://www.einfach-bauen.net. Foto: Sebastian Schels
10. Das Prinzip 2226. online verfügbar unter https://www.2226.eu/
11. Eduard Hueber, Archphoto © Baumschlager Eberle Architekten. online angerufen am 18.10.2024
12. EN ISO 7730:2003-10: Ergonomie des Umgebungsklimas – Analytische Bestimmung und Interpretation der thermischen Behaglichkeit durch Berechnung des PMV- und des PPD-Indexes und der lokalen thermischen Behaglichkeit.
13. EN ISO 16798-1, Anhang B1
14. Bauer M, Mösle P, Schwarz M (2010) Green building. Guidebook for sustainable Architecture. Springer. ISBN 978-3642006340
15. Seasider53 15.12.2019 CC-Attribution-ShareAlike 4.0 files
16. Biswarup Ganguly, CC BY-SA 4.0; https://creativecommons.org/licenses/by-sa/4.0 via Wikimedia Commons
17. Biswarup Ganguly, CC BY-SA 4.0 https://creativecommons.org/licenses/by-sa/4.0, via Wikimedia Commons
18. Vijay Ramanathan.G, CC BY-SA 4.0, https://creativecommons.org/licenses/by-sa/4.0, via Wikimedia Commons

19. Bernard Gagnon, CC BY-SA 4.0, https://creativecommons.org/licenses/by-sa/4.0, via Wikimedia Commons
20. Schütze T, Willkomm W (2020) Klimagerechtes Bauen in Europa. Planungsinstrumente für klimagerechte, energiesparende Gebäudekonzepte in verschiedenen europäischen Klimazonen. Abschlussbericht im Forschungsschwerpunkt „Planungsinstrumente für das umweltverträgliche Bauen". März 2020. https://www.staedtebauliche-klimafibel.de/pdf/Klimag-B-EU-2000.pdf
21. Lake Toba, 12.06.2010, by Michael Hoefner, CC BY 3.0 Deed, Wikimedia commons
22. Mascarenhas P (2019) Vernacular building tradition of India. IN: Schittich C Vernacular Architecture. Atlas for living throughout the world: p212
23. Pütt K (2019) Dome houses in Syria. IN: Schittich C Vernacular Architecture. Atlas for living throughout the world: p136
24. Schroeder H (2018) Konstruktionen aus Lehmbaustoffen - Einwirkungen, Bauschäden und Erhaltung. IN: Lehmbau. Mit Lehm ökologisch planen und bauen. 3.Auflage. Springer. pp 429-541
25. BoKo @ Flickr, CC BY-SA 2.0, https://creativecommons.org/licenses/by-sa/2.0, via Wikimedia Commons
26. Kücükerman Ö (2019) The Anatolian-Turkish house IN: Schittich C Vernacular Architecture. Atlas for living throughout the world: p113
27. Tändler D (2019) Hanok in Korea. IN: Schittich C Vernacular Architecture. Atlas for living throughout the world: p240
28. Picture by Tripadvisor. CC BY-SA 4.0, https://creativecommons.org/licenses/by-sa/4.0, via Wikimedia Commons
29. Khalaj, R (2018). Use and re-use of wind catchers as a natural ventilation and cooling system for residential buildings [Dissertation, Technische Universität Wien]. reposiTUm. https://doi.org/10.34726/hss.2018.32060
30. Carole Raddato, published on 02 November 2021, CC BY-NC-SA at: www.worldhistory.org
31. Rhinocerus 3D, Robert McNeel & Associates, Hauptgeschäftssitz, Nordamerika und Pacifik, Seattle, WA 98103 USA. Online unter https://www.rhino3d.com/
32. Rhinocerus 3D, Robert McNeel & Associates. Online unter https://www.grasshopper3d.com/
33. Ladybug Tools LLC. Online unter https://www.ladybug.tools/
34. Map of EPW-Files - Karte der Wetterdateien der Ladybugtools verschiedener Anbieter online verfügbar unter https://www.ladybug.tools/epwmap/
35. Wetterdateien des Deutschen Wetterdienstes online verfügbar unter https://opendata.dwd.de/
36. Wetterdateien der Schweizer Meteonorm AG online verfügbar unter https://meteonorm.com/
37. Climatic data for building design standards (2020) In: ANSI/ASHRAE Addendum a to ANSI/ASHRAE Standard 169-2020.
38. Kottek M, Grieser J, Beck C, Rudolf B, Rubel F (2006) World map of the Köppen-Geiger climate classification updated. Meteorologische Zeitschrift 15 Nr.3: p259–263
39. Oczenski W (2008): Atmen – Atemhilfen. Atemphysiologie und Beatmungstechnik. 8. überarbeitete Auflage. Georg Thieme Verlag, Stuttgart 2008, ISBN 978-3-13-137698-5
40. Ladybug-Dokumentation online verfügbar unter https://rhino.github.io/components/ladybug/passiveStrategyParameters.html
41. EN DIN 18599-10
42. Anja Willmann, aufgenommen am 20.04.2024
43. Hong T, Langevin J, Sun K (2018): Building Simulation: Ten Challenges. Building Technology and Urban Systems Division. Lawrence Berkeley National Laboratory, Berkeley, California, USA.
44. Bundesstiftung Baukultur. Online verfügbar unter https://www.bundesstiftung-baukultur.de
45. Studierendenprojekt an der ETH Zürich in Kombination mit Smiling Gecko Schweiz, 2016

46. Urban Development - Overview. In: World Bank. https://www.worldbank.org/en/topic/urbandevelopment/overview. Accessed 25 Apr 2024
47. Wei T, Wu J, Chen S (2021) Keeping Track of Greenhouse Gas Emission Reduction Progress and Targets in 167 Cities Worldwide. Frontiers in Sustainable Cities 3:
48. Ragettli MS, Schulte F, Röösli M (2023) Monitoring hitzebedingter Todesfälle 2000 bis 2022. Impact-Indikator „Hitzebedingte Todesfälle" Syntheseberich. Schweizerisches Tropen- und Public Health Institut Swiss TPH, Im Auftrag des BAFU und BAG
49. Bruelisauer M, Meggers F, Saber E, et al (2014) Stuck in a stack—Temperature measurements of the microclimate around split type condensing units in a high rise building in Singapore. Energy and Buildings 71:28–37. https://doi.org/10.1016/j.enbuild.2013.11.056
50. London Heat Map. In: London Heat Map. https://maps.london.gov.uk/heatmap. Accessed 26 Apr 2024
51. Ableitner L, Meeuw A, Schopfer S, Tiefenbeck V, Wortmann F, Wörner A (2019) Quartierstrom - Implementation of a real world prosumer centric local energy market in Walenstadt, Switzerland
52. Deilami K, Kamruzzaman Md, Liu Y (2018) Urban heat island effect: A systematic review of spatio-temporal factors, data, methods, and mitigation measures. International Journal of Applied Earth Observation and Geoinformation 67:30–42. https://doi.org/10.1016/j.jag.2017.12.009
53. McCarty J, Waibel C, Galimshina A, Hollberg A, Schlueter A (2023) Do we need a saw? Carbon-based analysis of facade BIPV performance under partial shading from nearby trees. J Phys: Conf Ser 2600:042002. https://doi.org/10.1088/1742-6596/2600/4/042002
54. Li Y, Du H (2021) Research on the spatial characteristics of sky gardens based on networked pictures: a case study of Singapore. Journal of Asian Architecture and Building Engineering 21:1–15. https://doi.org/10.1080/13467581.2021.1972812
55. Lund H, Werner S, Wiltshire R, et al (2014) 4th Generation District Heating (4GDH): Integrating smart thermal grids into future sustainable energy systems. Energy 68:1–11. https://doi.org/10.1016/j.energy.2014.02.089
56. Allam Z, Bibri SE, Chabaud D, Moreno C (2022) The '15-Minute City' concept can shape a net-zero urban future. Humanit Soc Sci Commun 9:1–5. https://doi.org/10.1057/s41599-022-01145-0
57. Caviezel D, Waibel C, Schläpfer M, Schlueter A (2023) Vehicle-To-Grid Coupled Photovoltaic Optimization for Singapore at a District Resolution. In: 36th International Conference on Efficiency, Cost, Optimization, Simulation and Environmental Impact of Energy Systems (ECOS 2023). ECOS 2023, Las Palmas De Gran Canaria, Spain, pp 3327–3338
58. Churkina G, Organschi A, Reyer CPO, et al (2020) Buildings as a global carbon sink. Nat Sustain 3:269–276. https://doi.org/10.1038/s41893-019-0462-4
59. Ferrando M, Causone F, Hong T, Chen Y (2020) Urban building energy modeling (UBEM) tools: A state-of-the-art review of bottom-up physics-based approaches. Sustainable Cities and Society 62:102408. https://doi.org/10.1016/j.scs.2020.102408
60. Reinhart CF, Cerezo Davila C (2016) Urban building energy modeling – A review of a nascent field. Building and Environment 97:196–202. https://doi.org/10.1016/j.buildenv.2015.12.001
61. Oraiopoulos A, Hsieh S, Schlueter A (2023) Energy futures of representative Swiss communities under the influence of urban development, building retrofit, and climate change. Sustainable Cities and Society 91:104437. https://doi.org/10.1016/j.scs.2023.104437
62. Popova A, Hsieh S, Schlueter A (2022) Methodology for Scenario-based Analysis of Future Energy Performance of Swiss Settlements at Urban, Sub-urban, and Rural Scale. In: Passive and Low Energy Architecture (PLEA 2022)
63. Ang YQ, Berzolla ZM, Letellier-Duchesne S, Reinhart CF (2023) Carbon reduction technology pathways for existing buildings in eight cities. Nat Commun 14:1689. https://doi.org/10.1038/s41467-023-37131-6

64. Nikolic I, Lukszo Z, Chappin EJL, et al (2019) Guide for Good Modelling Practice in policy support. https://doi.org/10.4233/uuid:cbe7a9cb-6585-4dd5-a34b-0d3507d4f188
65. Box GEP (1976) Science and Statistics. Journal of the American Statistical Association 71:791–799. https://doi.org/10.1080/01621459.1976.10480949
66. Walker L, Hischier I, Schlueter A (2022) The impact of modeling assumptions on retrofit decision-making for low-carbon buildings. Building and Environment 226:109683. https://doi.org/10.1016/j.buildenv.2022.109683
67. Hsieh S, Bufacchi A, Schlueter A (2022) Upscaling the City Energy Analyst (CEA) for large, unknown data environments: the case of Navi Mumbai. ETH Zürich, Zürich
68. Dudani J, Deb C (2022) Assessing the Applicability of Urban Energy Models for Indian Cities. Centre for Urban Science and Engineering (CUSE) Indian Institute of Technology Bombay
69. BBL Koordinationskonferenz der Bau- und Liegenschaftsorgane der öffentlichen Bauherren KBOB. https://www.kbob.admin.ch/kbob/de/home.html. Accessed 6 May 2024
70. ecoinvent life cycle inventory database. In: ecoinvent. https://ecoinvent.org/. Accessed 6 May 2024
71. E3P T (2016) Typical Meteorological Year (TMY). https://e3p.jrc.ec.europa.eu/articles/typical-meteorological-year-tmy. Accessed 12 May 2024
72. JRC Photovoltaic Geographical Information System (PVGIS) - European Commission. https://re.jrc.ec.europa.eu/pvg_tools/en/#dta TMY. Accessed 12 May 2024
73. GIS-Browser Kanton Zürich. https://maps.zh.ch/. Accessed 12 May 2024
74. Hagmann M Städtische Hitzeinseln im Sommer - Hitzewellen heizen Sädte stärker auf. In: Empa Communication. https://www.empa.ch/de/web/s604/urban-heat-islands. Accessed 12 May 2024
75. MIT SMART Urban Weather Generator 4.1 - urban heat island effect modeling software. https://urbanmicroclimate.scripts.mit.edu/uwg.php. Accessed 12 May 2024
76. Mosteiro-Romero M, Maiullari D, Pijpers-van Esch M, Schlueter A (2020) An Integrated Microclimate-Energy Demand Simulation Method for the Assessment of Urban Districts. Front Built Environ 6:. https://doi.org/10.3389/fbuil.2020.553946
77. Carbon intensity of energy production. In: Our World in Data. https://ourworldindata.org/grapher/co2-per-unit-energy. Accessed 12 May 2024
78. Happle G, Shi Z, Hsieh S, Ong B, Fonseca JA, Schlueter A (2019) Identifying carbon emission reduction potentials of BIPV in high-density cities in Southeast Asia. J Phys: Conf Ser 1343:012077. https://doi.org/10.1088/1742-6596/1343/1/012077
79. Shi Z, Hsieh S, Fonseca JA, Schlueter A (2020) Street grids for efficient district cooling systems in high-density cities. Sustainable Cities and Society 60
80. Maiullari D, Mosteiro-Romero M, de Koning RE, van Timmeren A, van Nes A, Schlueter A (2019) SPACERGY: Space-Energy Patterns for Smart Energy Infrastructures, Community Reciprocities and Related Governance. BK Books
81. Biljecki F, Ledoux H, Stoter J (2016) An improved LOD specification for 3D building models. Computers, Environment and Urban Systems 59:25–37. https://doi.org/10.1016/j.compenvurbsys.2016.04.005
82. OpenStreetMap. In: OpenStreetMap. https://www.openstreetmap.org/about. Accessed 12 May 2024
83. Bundesamt für Statistik (BFS) Gebäude- und Wohnungsregister. https://www.bfs.admin.ch/bfs/de/home/register/gebaeude-wohnungsregister.html. Accessed 13 May 2024
84. IEE Project EPISCOPE EPISCOPE and TABULA Website. https://episcope.eu/welcome/. Accessed 13 May 2024
85. U-Wert-Rechner | ubakus.de. https://www.ubakus.de/u-wert-rechner/. Accessed 13 May 2024
86. Happle G, Fonseca JA, Schlueter A (2020) Context-specific urban occupancy modeling using location-based services data. Building and Environment 175:106803

87. Happle G, Fonseca JA, Schlueter A (2018) A review on occupant behavior in urban building energy models. Energy and Buildings 174:276–292. https://doi.org/10.1016/j.enbuild.2018.06.030
88. Happle G, Fonseca JA, Schlueter A (2020) Context-specific urban occupancy modeling using location-based services data. Building and Environment 175
89. Fonseca JA (2016) Energy efficiency strategies in urban communities: Modeling, analysis and assessment. Doctoral Thesis, ETH Zurich
90. Multi-scale Energy Systems (MuSES) for Low Carbon Cities. In: Singapore-ETH Centre, Future Cities Lab. https://fcl.ethz.ch/research/fcl-phase2/high-density-cities/multi-scale-energy-systems.html. Accessed 19 May 2024
91. Fonseca JA, Schlueter A (2015) Integrated Model for Characterization of Spatiotemporal Building Energy Consumption Patterns in Neighborhoods and City Districts. Applied Energy 142:247–265
92. Fonseca JA, Nguyen T-A, Schlueter A, Marechal F (2016) City Energy Analyst (CEA): Integrated framework for analysis and optimization of building energy systems in neighborhoods and city districts. Energy and Buildings 113:202–226. https://doi.org/10.1016/j.enbuild.2015.11.055
93. MITSustainableDesignLab/Daysim. https://github.com/MITSustainableDesignLab/Daysim. Accessed 22 May 2024
94. Lambora A, Gupta K, Chopra K (2019) Genetic Algorithm- A Literature Review. In: 2019 International Conference on Machine Learning, Big Data, Cloud and Parallel Computing (COMITCon). pp 380–384
95. Calliope. https://www.callio.pe/. Accessed 24 May 2024
96. CEA Workflow - how to automate simulations. In: City Energy Analyst (CEA). https://www.cityenergyanalyst.com/blog-posts/2020/01/14/2020-1-14-cea-workflow-how-to-automate-simulations. Accessed 24 May 2024
97. Data.gov.sg. Retrieved 24 September 2024, from https://data.gov.sg/collections/22/view

MIX
Papier aus verantwortungsvollen Quellen
Paper from responsible sources
FSC® C105338

If you have any concerns about our products,
you can contact us on
ProductSafety@springernature.com

In case Publisher is established outside the EU,
the EU authorized representative is:
**Springer Nature Customer Service Center GmbH
Europaplatz 3, 69115 Heidelberg, Germany**

Printed by Libri Plureos GmbH
in Hamburg, Germany